DELIUS KLASING

DODGE

AMERIKAS LEIDENSCHAFTLICHSTE AUTOMARKE – SEIT MEHR ALS 90 JAHREN

JUERGEN ZOELLTER

DELIUS KLASING VERLAG

„ALLES, WAS WIR UNS VORSTELLEN, KANN WIRKLICHKEIT WERDEN.“

JULES VERNE

„ALLES SOLLTE SO EINFACH SEIN WIE MÖGLICH, ABER KEINEN DEUT EINFACHER“

ALBERT EINSTEIN

„KINDER SIND DER WELT WERTVOLLSTER SCHATZ UND IHRE HOFFNUNG FÜR DIE ZUKUNFT“
J. F. KENNEDY

PABLO PICASSO

„

INSPIRATION EXISTIERT, WIR KÖNNEN SIE ABER NUR EMPFANGEN, WÄHREND WIR ARBEITEN

“

„UNSERE STÄRKE LIEGT IN UNSEREM WILLEN ZUM OPTIMISMUS. NUR SO IST FORTSCHRITT MÖGLICH.“

DIETER ZETSCHE

19

NEUN DEKADEN DODGE – GESCHICHTE IN ZAHLEN

DEN FURIOSEN START LIEFERTE EINE SENSATIONELLE KAMPAGNE. EIN ENDE DER GESCHICHTE DER AUTOMOBILMARKE, DIE DEN NAMEN ZWEIER BRÜDER TRÄGT, IST NICHT ABZUSEHEN. DIE ZAHLEN ZEICHNEN: EINE ERFOLGSSTORY.

VON OLD BETSY ZUR CALIBER-STUDIE

1927 Die Produktion bricht ein. Statt 265.000 Einheiten wie im Vorjahr werden lediglich 146.000 Wagen hergestellt. **1928** Am 31. Juni übernimmt die Chrysler Corporation mit Gründer Walter P. Chrysler an der Spitze Dodge. **1935** Erstmals taucht der Widder (»Ram«) als Kühlerfigur für Dodge-Fahrzeuge auf. **1938** Der bisherige Markenname »Dodge Brothers« wird verkürzt zu »Dodge«. **1939** Dodge feiert sein 25-jähriges Bestehen. **1940** Dodge baut 18-Zylinder-Motoren für die gigantischen B-29-Bomber, die im Pazifikkrieg eingesetzt werden. **1946** Das erste zivile Nachkriegsmodell verlässt die Fließbänder. **1953** Erstmals wird ein V8-Motor angeboten. **1954** Ein Dodge gewinnt das allererste NASCAR-Rennen. **1956** Spektakuläre Modelle mit Heckflossen und reichlich Chrom erobern den Markt. **1964** Dodge wird 50. Erstmals verkauft die Marke mehr als eine halbe Million Fahrzeuge, exakt 501.817 Automobile. **1966** Der »Charger« begründet das legendäre Muscle-Car-Design von Dodge. **1968** Steve McQueen liefert die spektakulärste Verfolgungsjagd der Filmgeschichte. Sein Auto in »Bullit«: ein schwarzer Dodge Charger. **1978** Der »Omni« wird in den USA vom Motor Trend Magazine zum »Auto des Jahres« gekürt. **1983** Der Dodge Caravan, Urvater aller modernen Minivans, wird vorgestellt. **1989** Dodge feiert seinen 75. Geburtstag. **1992** Die Viper hat Premiere. Unter der Haube arbeitet ein 8-Liter-V10-Motor. **1993** Das wegweisende »Cab forward«-Design erlebt mit dem Dodge »Intrepid« seine Premiere. **1996** Dodge präsentiert die Viper GTS, das Coupé zum erfolgreichen Roadster. Die Viper GTS wird sofort zum Pace-Car der »Indy 500« bestimmt. **1998** Daimler-Benz und Chrysler Corporation fusionieren zu DaimlerChrysler. Dodge wird Teil der »Welt-AG«. **2004** Der Dodge Ram SRT-10 ist mit über 242 km/h Höchstgeschwindigkeit der schnellste Pick-up-Truck der Welt. **2005** Dodge wird wieder international und präsentiert die »Caliber«-Studie auf dem Genfer Autosalon.

1914 Am 14. November wird das erste Dodge-Fahrzeug produziert. Insgesamt verlassen im Premierenjahr 248 weitere Wagen die Fabrik. **1914** Das erste Dodge-Automobil, die so genannte »Old Betsy«, kostet 795 $. **1915** Eine sensationelle Anzeigen-Kampagne – man warb auf riesigen Plakatwänden zunächst lediglich mit dem Wort »zusammengehörig« (»dependable«) und fügte später erst den Namen »Dodge« und anschließend »Motor Company« hinzu – sorgt für große Aufmerksamkeit und Verkäufe. Im ersten ganzen Dodge-Jahr werden sagenhafte 45.033 Automobile hergestellt. **1915** Der erste rechts gelenkte Dodge wird gefertigt. **1916** Die Produktion steigt auf 71.400 Fahrzeuge. **1917** Dodge startet die Produktion von Nutzfahrzeugen. **1917** Dodge ist in den USA auf Platz vier angekommen, hinter Ford, Buick und Willys-Overland. Insgesamt verkauft Dodge 90.000 Autos. **1919** Dodge wird sechsstellig. Erstmals werden über 100.000 Wagen hergestellt, exakt 106.000. **1920** Die Dodge Brüder sterben. John am 14. Januar des Jahres an Lungenentzündung. Horace erliegt elf Monate später, am 10. Dezember, der Influenza. So zumindest die medizinische Diagnose. Tatsächlich verkraftet der jüngere der beiden Brüder niemals den Tod des vier Jahre älteren. **1920** Trotz Trauer neue Rekorde. Über 140.000 Dodge-Modelle werden produziert. Platz zwei in den USA. **1921** Die Rezession erwischt Dodge. Die Zahl der Mitarbeiter sinkt dramatisch von 22.000 Menschen auf 4.000. **1922** Dodge schreibt Automobil-Geschichte mit dem weltweit ersten Fahrzeug mit Ganzstahlkarosserie. Der Preis: 980 $ **1922** Nahe London wird das erste Dodge-Werk außerhalb der USA eröffnet. **1925** Dodge wird für 146 Millionen $ an Dillon, Read & Co. verkauft.

JOHN F. DODGE
HORACE E. DODGE

DIE GEBRÜDER DODGE

Wären die Anfänge der Automobilindustrie in Detroit ein Theaterstück, kein Dramatiker würde jemals solch einzigartige Charaktere entwerfen. Charles B. King war der Erste, als er am 6. März 1896 mit seinem Automobil, ein Fahrzeug, das er selbst entworfen und gebaut hatte, durch die Straßen von Detroit donnerte. Bei diesem historischen Ereignis folgte King kein Geringerer als Henry Ford – allerdings auf einem Fahrrad. Henry Ford, der sechs Monate später ganz bescheiden mit seinem selbstgebauten Vierrad, dem Quadricycle, begann, sollte schließlich mit dem legendären T-Modell die Auto-Industrie revolutionieren. Ein epochales Ereignis, mit dem er zum ersten Serien-Hersteller der Automobil-Industrie wurde.
Ein anderer, früher Held des Autos ist William C. »Billy« Durant. Der Amerikaner war kein Automann per se, sondern ein klassischer Geschäftemacher, dessen Vision es war, nicht nur Automobile zu bauen, sondern gleich noch das größte Automobilunternehmen der Welt.

Wenn King, Ford und Durant als die großen alten Herren der ersten Detroiter Auto-Szene gelten, dann sind John und Horace Dodge ganz gewiss die Cowboys unter den Auto-Pionieren. John und Horace waren ein raubeiniges Paar, das hart arbeitete und noch härter zockte. Keiner der Brüder fürchtete eine verbale oder körperliche Auseinandersetzung und keiner mochte als Verlierer aus einem Kampf hervorgehen. Nach allem, was man hört, waren sie heißblütig, trinkfest, ehrgeizig und dickköpfig. Und obwohl sie altersmäßig vier Jahre auseinander lagen, waren sie wie Zwillinge – unzertrennlich im Leben – und im Tod.

Aber John und Horace waren auch unglaublich talentierte Maschinenbauer, Ingenieure und Geschäftsleute. Und sie waren gütige Manager, die tausende von Mitarbeitern wie ihre eigene Familie behandelten, indem sie ihnen eine beneidenswerte Arbeitsumgebung und großzügige Gehälter und zusätzliche soziale Leistungen boten. Kein Wunder, dass die Fabrik der Dodge Brothers schnell als einer der besten Arbeitsplätze in Old Detroit galt.

John Francis Dodge wurde am 25. Oktober 1864 in Niles, Michigan, einer kleinen Stadt ungefähr 200 Kilometer westlich von Detroit, geboren. Der jüngere Bruder Horace Elgin erblickte am 17. Mai 1868 das Licht der Welt. Die Söhne eines kleinen Werkstattbesitzers lernten bereits in ihrer Jugend das Schlosserhandwerk von Pike auf und halfen ihrem Vater schon früh bei der Reparatur von Schiffsmotoren. Weil sie so viel Zeit gemeinsam in der Werkstatt ihres Vaters verbrachten, hatten die beiden Jungen nur wenige Freunde außerhalb der Familie und waren deshalb sehr eng befreundet. John wurde der Offenere der beiden – und der bessere Einkäufer. Der ruhige Horace war der bessere Mechaniker und Tüftler.

Auf der Suche nach dem großen Glück, das kleine Städte vor allem wirtschaftlich üblicherweise nicht bieten können, zog das Brüderpaar 1886 im Alter von 22 beziehungsweise 18 Jahren nach Detroit. Obwohl sie noch sehr jung waren, überragte ihr handwerkliches Talent das der Gleichaltrigen um Längen – und oftmals auch die Fertigkeiten der ausgelernten Gesellen und Meister. So war es für sie leicht, eine Arbeit zu finden. Ihr erster Arbeitsplatz war in einer Boilerfabrik. Die Arbeit war hart, dreckig und anstrengend. Aber die jungen Dodge Brüder überlebten nicht nur, sie waren – angetrieben von ihrem Ehrgeiz – äußerst erfolgreich. Bald arbeiteten sie in einer modernen Fahrradherstellung in Windsor, Kanada.

Aber als echte Malocher begriffen John und Horace sehr schnell, dass wahrer, zumal wirtschaftlicher Erfolg, nicht dadurch entsteht, dass man für andere schuftet. 1901 errichteten sie deshalb ihre erste eigene Werkstatt. Diesmal in Detroit und begannen mit dem Bau von Getrieben für die »Olds Motor Works«. Als im selben Jahr ein verheerender Brand die Olds-Fabrik nahezu vollständig zerstörte, halfen die Dodge Brüder dem Unternehmen, durch die Lieferung von tausenden von Motoren und Getrieben, wieder erfolgreich ins Geschäft zurückzukommen.

Plötzlich fanden sich die Dodge Brüder nicht nur in der pferdefreien Kutschenindustrie wieder, sie spielten sogar eine Schlüsselrolle. Ihr junges Unternehmen wurde schnell zu einer der herausragenden Maschinenwerkstätten in Detroit. Zusammen mit dem bereits etablierten Unternehmen »Leland & Faulconer« gehörten die Dodge Brüder zu den ersten Automobil-Zulieferern von Format (Henry Leland aus Detroit, der oftmals »Der andere Henry« genannt wurde, gründete sowohl die Cadillac als auch die Lincoln Automobilgesellschaften, die später von General Motors beziehungsweise Ford übernommen wurden).

1902, als nur wenige Detroiter Maschinenwerkstätten über ein großes fachliches Können verfügten, wendete sich Henry Ford an die Dodge Brüder mit der Bitte, für seine Fahrzeuge Zweizylinder-Motoren zu produzieren. Innerhalb weniger Monate akzeptierten die Brüder einen zehnprozentigen Anteil an der »Ford Motor Company« und wurden im Gegenzug Exklusivlieferanten für Ford. Was in erster Linie »Olds« traf.

Während der nächsten Jahre bauten die Dodge Brüder Motoren, Getriebe, Achsen und überwiegend Innenbauteile für Fords Fahrzeuge. Ford komplettierte die Autos dann durch Karosserien, Räder und Reifen. John Dodge wurde während dieser Zeit sogar in den Vorstand der Ford Motor Company berufen. Eine vorerst überaus erfolgreiche Liaison.

DIE GEBRÜDER DODGE

John Francis Dodge wurde am 25. Oktober 1864 in Niles, Michigan, als Sohn eines Maschinenbauers geboren. John galt als der bessere Händler. Er starb im Alter von 55 Jahren an einer Lungenentzündung.

Horace Elgin Dodge, geboren am 17. Mai 1868, war der bessere Mechaniker. Er starb 1920, im selben Jahr wie sein älterer Bruder. Zeitgenossen berichten, Horace habe Johns Tod nicht verkraftet.

1908, jenes Jahr, in dem Henry Ford das legendäre T-Modell präsentierte und dessen ungeheuerer Erfolg ihn zwang, ein größeres Werk in Highland Park in Michigan, USA, zu errichten. Dies war die Geburtsstätte des Fließbandes. John und Horace erkannten Fords Wunsch, mehr Bauteile selbst herzustellen – und sahen dadurch ihre Geschäftsbeziehung zur Ford Motor Company gefährdet. John und Horace waren außerdem sehr frustriert über Fords Firmen-Politik, sämtliche Gewinne lieber in seine Firma zu investieren, anstatt den Aktionären, und damit auch den Dodge-Brüdern, Dividenden zu zahlen. Ford hatte die Dodge Brüder über die Jahre hauptsächlich in Aktien bezahlt, Bargeld sahen die beiden vom alten Ford nur selten. Abgesehen von ihren Gewinnen als Lieferanten kam so kaum Geld ins Haus. John und Horace fühlten sich erneut wie Lohnarbeiter und nicht wie selbstständige Unternehmer. Die Konsequenz: 1913 stiegen John und Horace bei Ford aus. John legte sein Amt als Ford-Direktor nieder. Und die Brüder gründeten bereits 1914 ihre eigene »Dodge Brothers Motorcar Company«. Noch im selben Jahr wurde ihr erstes Fahrzeug produziert.

Bei den Planungen für ihr neues Auto verwendeten John und Horace das T-Modell als Ausgangspunkt, fügten einen größeren Motor, eine größere Karosserie und einen größeren Preis hinzu. John glaubte, dass es Käufer für ein solches Fahrzeug gäbe – und er sollte Recht behalten. Die Händler standen Schlange, um die Automobile der Dodge Brothers zu verkaufen, wussten sie doch um die Qualität ihrer Arbeit. Manifestiert wurde dieses Qualitätsdenken durch einen neuen Weg im Automobilbau. Alle Modelle dieser frühen Auto-Ära hatten Holzrahmen mit Stahlverkleidung. John und Horace, als Metallschlosser aufgewachsen, vertrauten dem Werkstoff Holz nicht. Und als Edward Budd, ein Hersteller aus Philadelphia, sich mit dem Konzept einer Ganzstahlkarosserie an die Brüder wandte, war der Coup gelungen.

Dem ersten Automobil der Dodge Brüder von 1914, folgte später, 1922, auch der erste in Serie produzierte Ganzstahl-Tourenwagen der Welt. Im Jahre 1915 wurden mehr als 45.000 Dodge Fahrzeuge hergestellt und verkauft – bis heute war dieser Start das beste erste Jahr für ein neues Auto in der amerikanischen Automobilgeschichte.

Das Unternehmen der Dodge Brüder florierte und ihre Mitarbeiter waren am Erfolg beteiligt. John und Horace hatten gelernt, dass ausgebeutete Arbeiter lustloser und weniger akkurat arbeiteten, und da sie selbst in bescheidenen Verhältnissen aufgewachsen waren und nie von der Elite Detroits akzeptiert wurden, resultierte daraus ein Erfolgsbonus für die Belegschaft.

Die Dodge Brüder zahlten gut und boten viel, einschließlich firmeninternen Clubs, einem eigenen Dodge-Firmenkrankenhaus und einigen Dodge-Restaurants. Die Dodge Brüder genossen einen so guten Ruf, dass auch Ingenieure und Arbeiter anderer Fahrzeugunternehmen sich darum bemühten, sich dem wachsenden Unternehmen anzuschließen.

1920, nur sechs Jahre nach der Gründung des Unternehmens, erkrankte Horace an einer sehr schweren und gefährlichen Grippe, als er die New Yorker Automobilausstellung besuchte. Mit einem unermüdlichen John an seiner Seite, der den Bruder aufopferungsvoll pflegte, erholte sich Horace zum Glück wieder. Nun hatte sich jedoch John infiziert und starb bald darauf am 14. Januar im Alter von 55 Jahren. Horace war verzweifelt, mutlos und voller Schuldgefühl. Allein gelassen vom Bruder starb Horace nur elf Monate später am 10. Dezember 1920. Johns Witwe Matilda und Horaces Witwe Anna übernahmen die Firma und ließen sie von erfahrenen Managern leiten.

Nach dem Tod der Brüder florierte das Unternehmen weiterhin. Ihre Vision lebte und erfuhr ein beeindruckendes Wachstum. Von 81.000 produzierten und verkauften Automobilen 1921 auf mehr als 200.000 bis 1924.

Dennoch brannten Anna und Matilda darauf, das Unternehmen zu verkaufen und wendeten sich an Henry Ford, der ihr Angebot jedoch ablehnte. Schließlich lagen zwei Angebote vor. Eines von General Motors über rund $125 Millionen und das andere vom Investment Banker Dillon, Read & Co. über $146 Millionen.

1925 bezahlte Dillon, Read die sagenhafte Summe mit nur einem einzigen Scheck an die Witwen. Wahrscheinlich der höchste Barscheck, den es je gegeben hat.

Etwa gegen 1928 wurde klar, dass die neuen Besitzer nichts vom Automobilgeschäft verstanden. Sie mussten deshalb dringend nach einem neuen Käufer Ausschau halten. General Motors winkte ab und auch Ford spekulierte darauf, dass außer GM und ihm sich kein Käufer finden würde, man also ge-trost abwarten könnte.

Da betrat Walter P. Chrysler die große Bühne des Automobil-Business. Nach zähen Verhandlungen, die nahezu ein Jahr dauerten, war der Handel schließlich perfekt und die kleinere Chrysler Corporation übernahm den Auto-Giganten Dodge. Der Beginn einer sehr erfolgreichen Auto-Ehe.

ES IST DER STOLZ DES UNABHÄNGIGKEITSER PFERD DER MODERNE:

Die Dodge Brüder im Fond (Horace links, John rechts) des ersten Dodge-Personenwagens, der »Old Betsy« von 1914, vor ihrem Haus in Detroit.

MANNES, SEINE
KLÄRUNG, DAS REIT-
DAS AUTOMOBIL.

BIS ANS ENDE DER WELT

DIE GESCHICHTE VON DODGE BEGINNT IN EINER FAHRRADWERKSTATT UND ENDET FÜR SEINE GRÜNDER VIEL ZU FRÜH. DOCH DER AUFSTIEG DER MARKE DODGE IST AUCH NACH DEM TOD DER GEBRÜDER DODGE NICHT MEHR AUFZUHALTEN. SIE BAUTEN AUF WERTE, DIE BIS HEUTE WIRKEN.

Sie zählen zu jenen Heroen Amerikas, die den oft bemühten Traum vieler Einwanderer vom finanziellen Erfolg in kürzester Zeit realisieren konnten: die Gebrüder John Francis und Horace Elgin Dodge. Ihre große Leistung, errungen durch harte Arbeit und beschleunigt durch unternehmerisches Geschick, flammte zum ersten Mal am Anfang des 20. Jahrhunderts auf. Nur wenige Jahre später hatte sie die von Pioniergeist getragene Symbolkraft des aufstrebenden Amerika erlangt.

Die Dodge Brüder lernten in der Werkstatt ihres Vaters die handwerklichen Grundlagen des Maschinenbaus. In den neunziger Jahren des vorletzten Jahrhunderts schraubten sie im kanadischen Windsor ihr erstes Fahrrad zusammen. In Lohnarbeit. 1901 ließen sie sich auszahlen und investierten das wenige Geld in eine eigene Fahrradwerkstatt im nahe gelegenen Detroit. Nicht einmal 1000 Dollar betrug ihr Startkapital. Ihre technische Begabung aber sollte sich rasch herumsprechen. Denn die besondere Konstruktion eines neuen Radlagers fand das Interesse der Automobilindustrie, die noch in den Kinderschuhen steckte. Es waren die Pioniere, die schon sehr bald bei den Dodge Brüdern vorbeischauten, unter ihnen R. E. Olds und Henry Ford.

Die Olds Motor Works in Detroit, die gerade mit der Herstellung von Oldsmobilen begannen, bestellten 3000 Getriebe für ihre erste Automobilbaureihe. Es war der erste Auftrag für die beiden Brüder. Nicht viel später – im Jahr 1902 – orderte Henry Ford Hinterachsen und andere mechanische Bauteile für sein erstes Auto, das T-Modell. Auch dessen Motor war von den Dodge Brüdern überarbeitet worden. Henry Ford zeigte sich vom Dodge-Know-how beeindruckt und bot den Brüdern schließlich einen zehnprozentigen Aktienanteil, wenn sie die Motorenproduktion aller kommenden Ford-Modelle übernähmen. Sie willigten ein und legten den Grundstein für eine kurze, aber äußerst erfolgreiche Zusammenarbeit.

In nur wenigen Jahren wuchs ihr Produktionsbetrieb zum umsatzstärksten Automobilzulieferer der Welt heran. Schon 1910 expandierten die Brüder und gründeten die Dodge Assembly Plant in Hamtramck nahe Detroit. Nebenher bauten sie einen 1000-PS-Verbrennungsmotor für ihre Yacht – die schnellste auf dem Detroit River. Mit feinem Gespür für strategisch notwendige Entscheidungen boten sie Henry Ford einige Jahre später ihre Fabrik zum Kauf an. Denn insgeheim fürchteten sie, Ford könnte seine Motoren und Bauteile auch bei anderen bestellen oder selbst herstellen. Das hätte ihren Ruin bedeutet. Doch während Henry Ford

Der Dodge Touring Car von 1921 war niedriger als seinerzeit üblich. Die neue Sportlichkeit wurde von Ganzstahl-Scheibenfelgen betont.

noch über den Vorschlag nachdachte, änderten John und Horace Dodge ihre Meinung. Sie hatten die Fabrik, hatten Arbeiter. Warum sollten sie kein eigenes Auto bauen?

Mit fünf Millionen US-Dollar Aktienkapital gründeten sie am 17. Juli 1914 die Dodge Brothers Incorporation mit dem Unternehmensziel, Autos zu bauen. Die Nachricht ging wie ein Lauffeuer durch die Branche. »Es klang wie die Entdeckung einer neuen Goldader, eines zweiten Klondike«, erinnert sich ein Zeitzeuge später (Automobile Topics, Dezember 1939). Nahezu 22.000 Händler wollten spontan Kaufverträge für den ersten Dodge zeichnen, schon bevor er am 14. November 1914 an den Markt fuhr. Die »Old Betsy« war ein 35 PS starkes Vierzylinder-Automobil mit drei Vorwartsgängen und einem Rückwärtsgang.

Auf die Frage, warum die Brüder unbedingt ein Auto unter ihrem eigenen Namen produzieren müssen, antwortete John Dodge mit einem Seitenhieb auf Henry Ford: »Denken Sie nur an all die Ford-Besitzer, die irgendwann einmal ein richtiges Automobil fahren möchten!« Das Verhältnis der Gebrüder Dodge zu Ford war angespannt. Es ging um Geld, sehr viel Geld. Und erst ein Gerichtsurteil des Jahres 1919 konnte den Konflikt lösen. Ford hatte den Gebrüdern Dodge knapp zwei Millionen Dollar Zinsen auf deren Aktienpaket nachzuzahlen. Ein Jahr später zahlte Ford 25 Millionen Dollar für den Rückkauf des zehnprozentigen Aktienpakets.

Inzwischen verkaufte sich der erste Dodge wie geschnitten Brot – oder »like hell«, wie die Amerikaner sagen. Das Auto brillierte mit technischen Innovationen, wie einer Ausgleichswelle für größtmögliche Laufruhe des Vierzylindermotors, einer Kurbelwelle aus extrem hartem Vanadium-Stahl. Das Auto war, wie damals üblich, nur in Schwarz zu bekommen, allerdings mit dunkelblauen Holzspeichenrädern. Die Sitze waren ebenso mit echtem Leder bezogen wie das Dach. Der Dodge-Besitzer konnte auch nachts fahren, denn sein Auto besaß elektrische Scheinwerfer und sogar einen

WÄHREND HENRY FORD NOCH DARÜBER NACHDACHTE, DIE ERSTE DODGE-WERKSTATT ZU KAUFEN, ÄNDERTEN DIE BRÜDER IHRE MEINUNG: WARUM SOLLTEN SIE KEIN EIGENES AUTO BAUEN? »OLD BETSY« VERKAUFTE SICH »LIKE HELL«.

Im Jahre 1929 wurde dieser siebensitzige Dodge Senior Six in begrenzter Stückzahl aufgelegt. Ein exklusiver, außergewöhnlich geräumiger Personenwagen.

Die längste Version der Dodge Series D11 von 1939 besaß sieben Sitze, deren Lehnen sich umklappen ließen. Die Scheinwerfer waren bereits in die vorderen Radhäuser integriert.

Elektrostarter. Dafür musste man 785 Dollar bezahlen und bekam noch einen Tacho dazu. »Es spricht für sich selbst!«, lautete eine der ersten Werbebotschaften für dieses Auto der Marke Dodge. Leider lag die Produktionskapazität im ersten Produktionsjahr mit 249 Einheiten weit unter der Nachfrage. Ein Jahr später waren es – einschließlich eines neuen Roadsters auf dem identischen Chassis – schon 45.053 Dodge. Und das Publikum lobte die Autos, »weil sie ihre Passagiere nicht nur ans Ziel brachten, sondern auch zurück«, wie ein Chronist aufzeichnete. Die Gründung einer eigenen Automarke entwickelte sich für die instinktsicheren Brüder schneller als erwartet zu einer äußerst erfolgreichen Geschäftsidee.

Die hohe Haltbarkeit ihrer Fahrzeuge war den Dodge Brüdern von Anfang an ein großes Anliegen. Heute würde man sagen, sie repräsentierte schon früh den Dodge-Markenkern. Um Haltbarkeit sicherzustellen und auch zu vermitteln, baute Dodge die erste Teststrecke eines Autoherstellers, um jedes Fahrzeug vor Auslieferung an die Händler zahlreichen Funktionsprüfungen zu unterziehen.

Als erfolgreiche Marketing-Idee darf man heute werten, dass General John J. Pershing und seine Truppen im Kampf gegen die Grenzverletzungen des Mexikaners Pancho Villa im Jahre 1916 Kommandofahrzeuge von Dodge erhielten. Sie erfüllten in den Badlands des Südwestens fern jeder Straße treue Dienste. Und die Zeitungen berichteten darüber. Mit dem Kalkül, in der Öffentlichkeit wahrgenommen zu werden, gelang es einem Dodge als erstem Motorfahrzeug der Welt, in die Schlucht des Grand Canyon hinabzuklettern – und wieder herauszufahren. Selbst die Mongolei war damals nicht unerreichbar. Der berühmte Entdecker Roy C. Andrews durchquerte die Wüste Gobi, eine der entlegensten Regionen der Erde, mit fünf Dodge-Serienautomobilen. Die Expedition war damals eine Sensation.

Zu dieser Zeit lernten die Dodge Brüder Edward G. Budd aus Philadelphia kennen, der Metallteile im Tiefziehverfahren herstellen konnte. Budd hatte schon 1915 eine Lizenz zum Pressen von Automobilkarosserien nach diesem Verfahren angemeldet. Überzeugt von der hohen

Qualität des Produkts bestellten die Dodge Brüder umgehend Autokarosserien aus Stahl für ihr »Dodge Business Coupé«, das 1922 präsentiert werden sollte. Allerdings trauten die erfahrenen Maschinenbauer dem Schweißverfahren nicht völlig und ließen die Karosserienähte zusätzlich nieten. Sicherheitshalber. Der 980 Dollar teure Zweisitzer mit drei Glasfenstern sollte das erste Auto Amerikas mit Ganzstahlkarosserie werden. Er schien für die Ewigkeit gebaut zu sein. Auf die hohen Kosten angesprochen, wiesen die Dodge Brüder Edward Budd mit der ihnen eigenen Bestimmtheit an: »Bau die Dinger! So viele wie möglich, und schicke sie uns so rasch es geht. Am Jahresende sehen wir in deine Bücher. Wenn du an uns zu viel verdient hast, werden wir uns beschweren. Wenn dir kein Hemd geblieben ist, beleihen wir deine Manschettenknöpfe.« Die Budd Company soll 1200 Bleche für die erste Stahlkarosserie benötigt und Geld daran verdient haben. Siebzehn Jahre später werden nur noch etwa acht Teile verbaut.

Das erste Nutzfahrzeug der Marke Dodge war ein Krankenwagen. Er gab im Jahre 1917 den Startschuss für einen Geschäftszweig, der 1920 etwa zehn Prozent des Markenumsatzes bestritt und 1925 bereits auf 20 Prozent angewachsen war. Heute zählt Dodge zum erfolgreichsten Anbieter von Pick-ups, Geländewagen und Minivans Nordamerikas. Es sind Fahrzeug-Kategorien, deren ursprüngliche Bestimmung dem kommerziellen Automobilsektor entspringt.

Der stetige Aufstieg der Marke Dodge erlebte 1920 einen jähen Einbruch. Schlimmer noch, die Dodge Corporation stürzte ein Jahr später in eine tiefe Depression. Zu einem Zeitpunkt, als Dodge auf 141.000 Automobilverkäufe jährlich blicken konnte und zum zweitgrößten Autohersteller Amerikas aufgestiegen war, erkrankte John Dodge an Lungenentzündung. Er starb kurz darauf am 14. Januar 1920, wodurch sein Bruder aus der Bahn geriet. Auch Horace erkrankte und starb elf Monate später. Chronisten sehen Horaces Tod als Ende einer schweren seelischen Erkrankung, die den sensiblen Menschen aus Gram über den Verlust seines geliebten Bruders befiel.

Da die Erben der Gebrüder Dodge weder qualifiziert waren, noch Interesse zeigten, das Unternehmen zu führen, legten die Witwen der Dodge Brüder einem langjährigen Weggefährten und loyalen Mitarbeiter des Untermehmens, Frederick J. Haynes, das Geschick der Firma in die Hand. Haynes konnte nicht verhindern, dass die Dodge Corporation im Laufe des Jahres 1921 in den Sog der Weltwirtschaftskrise geriet. Die Belegschaft schrumpfte von 22.000 Beschäftigten innerhalb eines Jahres auf 4.000 Mitarbeiter.

Ungeachtet des zum Glück nur kurzen ökonomischen Einbruchs wuchsen in jener Zeit technische Neuheiten in Dodge-Fahrzeugen, die der Marke im Umfeld der jungen amerikanischen Automobilindustrie den Ruf der Technik-Führerschaft einbrachte. Nur bei Dodge bekam der Kunde Stahlspeichenräder, handbetriebene Scheibenwischer und als besonderes Highlight eine Heizung für den Winter.

Die für das Dodge Unternehmen weitsichtigste Entscheidung von Frederick Haynes war die strategische Allianz mit der Graham Brothers Company in Evansville/Indiana, einem Hersteller von Nutzfahrzeug-Aufbauten. Während Dodge leichte Nutzfahrzeuge im Programm führte, bauten die Graham Brothers mittelschwere bis schwere Lastwagen. Diese Ergänzung schien Haynes so zukunftsträchtig, dass er für Dodge eine 51-prozentige Aktienkapitalmehrheit an Grahams zeichnete. Daraufhin wurde das komplette Sortiment beider Hersteller exklusiv über Dodge-Händler angeboten. Das sicherte Wettbewerbsvorteile. Im Jahre 1924 gab es amerikaweit 3500 Dodge-Händler, die 10.744 Nutzfahrzeuge verkauften. Doch schon nach zwei Jahren war die Zahl auf 37.463 Einheiten gestiegen – und dokumentierte den Erfolg der Allianz. Die Marke Dodge hatte sich im so genannten »Truck-Markt« etabliert. Im letzten Jahr ihrer Selbstständigkeit stieg die Marke Dodge zum drittgrößten Automobilhersteller Nordamerikas hinter Ford und Chevrolet auf. Sie lieferte 331.764 Autos aus.

Bereits im Januar 1925 beschlossen die Witwen Matilda Rausch Dodge und Anna Thomson Dodge, das Unternehmen zu verkaufen. Und unmittelbar nach dem Durchsickern ihrer Entscheidung gingen mehr als ein Dutzend Kaufgesuche ein. Dillon, Read & Company erhielt den Zuschlag und überreichte den Witwen am 30. April 1925 einen Scheck über 146 Millionen Dollar. Es war die bis dato größte Bargeldtransaktion in der Geschichte der Vereinigten Staaten.

IM JAHR 1920 ERLEBT DER STETIGE AUFSTIEG DER MARKE EINEN UNERWARTETEN EINBRUCH. SCHLIMMER NOCH: DIE DODGE CORPORATION STÜRZT IN EINE TIEFE DEPRESSION. JOHN STIRBT AN EINER LUNGENENTZÜNDUNG. AUCH HORACE ERKRANKT. ER FOLGT DEM BRUDER ELF MONATE SPÄTER.

CHARLES LINDBERGH ÜBERQUERT IN EINEM FLUGZEUG DEN ATLANTIK. DIE MENSCHHEIT WIRD SPÄTER VON DEN »ROARING TWENTIES« SPRECHEN – JAHRE, IN DENEN GROSSE MÄNNER GELEGENHEITEN ERKENNEN. ZU DIESEN MÄNNERN ZÄHLT AUCH WALTER P. CHRYSLER, DER DODGE ÜBERNIMMT.

Die neuen Besitzer des Unternehmens setzten Edward G. Wilmer als Präsidenten ein, einen Manager, der sich als harter Sanierer anderer Unternehmen einen Namen gemacht hatte. Und Wilmer strukturierte auch Dodge tiefgreifend um. Die Graham Brothers wurden ausgezahlt und deren Detroiter Werkshallen übernommen, um Nutzfahrzeuge nur noch dort zu fertigen. Unter der Marke Dodge entstanden nur noch Personenwagen. Ihr neues Spitzenmodell erschien 1927 als »Dodge Senior Six« mit neuem Vierzylindermotor. Dieser trug den Beinamen »Fast Four« und wurde schon ein Jahr später vom »Light Six« abgelöst. Auf den Erfolg des ersten Sechszylinder-Automobils von Dodge stützte Wilmer die Unternehmensstrategie der kommenden Jahre. Allein für den Umbau der Fertigungsanlagen gab er 15 Millionen Dollar aus. Doch der Name Dodge war eng an robuste Vierzylindermotoren gebunden, und das neue Modell fand nicht das erhoffte Kundeninteresse. Der Gewinn brach um fünfzig Prozent ein, der Aktienwert stürzte in die Tiefe. Edward Wilmer wusste sich nicht anders zu helfen, als den Aufsichtsräten der Dillon, Read & Company nahezulegen, einen Käufer für die Dodge Brothers Incorporation zu suchen.

Im gleichen Jahr startete ein unbekannter Luftpost-Pilot das Triebwerk seines »Spirit of St. Louis« genannten Flugzeugs in New York und schaltete es erst wieder nach seiner Landung auf dem Flughafen von Paris ab. Der Mann hieß Charles A. Lindbergh und hatte den Atlantik als erster Mensch nonstop in einem Flugzeug überquert. Die Menschheit wird später von den »Roaring Twenties« sprechen und sich an große Namen erinnern. »Big men took big chances«, wie man damals sagte. Zu diesen Männern zählte auch Walter P. Chrysler.

Die Chrysler Corporation produzierte populäre Autos und war als profitables Unternehmen bekannt. Doch Firmenbesitzer Chrysler wollte sich damit nicht zufrieden geben. Es reizte ihn, sich der Übermacht des großen Konkurrenten General Motors entgegenzustellen, beispielsweise durch Erschließen internationaler Märkte und des Nutzfahrzeuggeschäfts. Eine Kooperation mit der Dodge Brothers Inc. schien ihm den Weg für beides zu weisen. Am 1. Juni 1928 gab er die Übernahme der Dodge Brothers Inc. bekannt, was ein Wall-Street-Analyst mit den Worten kommentierte: »Der kleine Fisch schluckt den großen Wal.« Amerikanische Medien titelten sogar: »Fliege frisst Elefanten.« Ein anderer ist sich sicher, dass Chrysler »mehr abgebissen hat, als er kauen kann«. Doch der Vorteil beider Unternehmen steht schon bald außer Zweifel. Die »Automotive Daily News« sieht ihn damals vor allem in der Verschmelzung beider potenter Händlernetze. Ende 1929 wurden Autos der Marken Chrysler, Plymouth, DeSoto und Dodge von 12.000 Händlern in den USA, 2600 Händlern in Kanada und 3800 Händlern in Übersee vertrieben. Tatsächlich wächst Chryslers Firmenterritorium um mehr als das Fünffache, und das Unternehmen steigt zum drittgrößten Automobilhersteller der Welt auf. »Dodge zu kaufen war eine der vernünftigsten Entscheidungen meines Lebens«, soll Walter P. Chrysler später einmal gesagt haben. Der Chronist Stan Grayson wertet die Übernahme als erste Dokumentation einer veränderten Unternehmenskultur und schreibt: »Die Tage, in denen einfache Söhne eines Schmieds aus kleinen Werkstätten und Fahrrad-Fertigungen mit ihren Fäusten und aus dem Bauch heraus Entscheidungen fällen und Imperien aufbauen konnten, waren vorüber. Es war das Ende der Pionier-Ära, die Zeit großer Multi-Unternehmen mit vielen Divisionen brach an.«

Im Chrysler-Konzern wurde Dodge neben DeSoto in der Mittelklasse positioniert. Chrysler-Autos deckten den Oberklasse-Markt ab und Plymouth das untere Segment der Massenautomobile. Dennoch stellte Dodge mit Blick nach oben im Jahre 1930 seinen ersten Reihenachtzylindermotor in einem Roadster der so genannten DC-Serie vor. Er kostete 1095 Dollar und leistete 75 PS. Die Fachzeitschrift »Motor Magazine« lobte ihn als »attraktiver, kraftvoller, länger und geräumiger als alle bisherigen Dodge-Automobile«. Indes der Dodge DC Eight fand nur 598 Kunden. Zunächst schien auch der zweite Vorstoß der Marke mit Motoren von mehr als vier Zylindern gescheitert. Denn die Öffentlichkeit sah einen Dodge mehr als robustes Fahrzeug, denn als luxuriös ausgestattetes. Was mit Blick auf die Statistik verständlich scheint: Nach mehr als 16 Jahren waren immerhin noch 59 Prozent aller jemals produzierten Dodge Personenwagen registriert, was 1.082.000 Einheiten entsprach. Von den Nutzfahrzeugen taten sogar noch 70,7 Prozent ihren Dienst, das heißt etwa 262.000 leichte Lastwagen und Busse. Sie wurden von Vierzylindermotoren angetrieben.

Den amerikanischen Streitkräften lieferte Dodge Anfang der vierziger Jahre eine große Anzahl allradgetriebener Krankenwagen des Typs T207-WC9.

Doch Chrysler ließ nicht locker und versuchte im Laufe der dreißiger Jahre noch einmal, die Marke Dodge nach oben zu positionieren. Diesmal aber in kleinen Schritten. Zunächst mit einem geräuscharmen Antriebsstrang durch schrägverzahnte Getrieberäder, einer Innovation im Automobilbau. Der Strang übertrug ab 1933 beeindruckende 100 PS aus dem Achtzylindermotor des Dodge Eight. Es handelte sich um das stärkste Aggregat der Dodge-Geschichte. Als weitere Innovation wurden synchronisierte Getriebe in alle Dodge-Modelle eingebaut. Ab 1934 bot Dodge einen zuschaltbaren Schnellgang an, den so genannten »Overdrive«, Einzelradaufhängung vorn und Stahlräder. Hydraulische Vierradbremsen gehörten schon seit sechs Jahren zum Standard. Im Interieur wurde »Air Styling« eingeführt, eine Armaturentafel mit schwarzen Ziffern auf weißen Rundinstrumenten, verkleidet mit poliertem Holzimitat. Fahrer und Beifahrer besaßen ein eigenes Handschuhfach. Und plötzlich honorierten die Kunden den Drang nach Höherem. In den ersten vier Monaten des Jahres 1934 verkaufte Dodge so viele Autos wie Buick und Oldsmobile zusammen. Etablierte Marken wie Auburn, Cadillac, Willys, Packard, Lincoln und Austin wurden ausgestochen.

Ab dem Jahr 1940 diente auch Dodge dem Militärprogramm der Vereinigten Staaten und baute zunehmend weniger Personenwagen für Privatkunden, von 1942 bis zum Kriegsende nahezu keine mehr. Dodge Militärlastwagen waren die ersten amerikanischen Autos auf afrikanischem Boden und die ersten, die den Alaska Highway bis nach Fairbanks befuhren. Während des Zweiten Weltkriegs lieferte Dodge mehr als eine halbe Million Militärfahrzeuge aus. In Chicago wuchs eine der größten Fabriken für mehr als 16.000 Beschäftigte heran, die schließlich mehr als 18.000 18-Zylinder-Flugmotoren für den Superbomber Boeing B-29 fertigten.

Die erste Dodge-Neuheit der Nachkriegszeit wurde 1949 mithilfe einer Werbekampagne präsentiert, die funktionelle Vorteile

Das erste komplett neue Nachkriegsmodell heißt Dodge Wayfarer und erschien 1949 in drei Ausführungen. Wobei die attraktivste Variante als Roadster mit Sechszylindermotor vorfuhr und drei Passagieren auf der Sitzbank vorn Platz bot.

Das zweitürige Dodge Coronet Club Coupé von 1959 verzichtete auf B-Säulen und wurde wahlweise von einem Reihensechszylinder oder V8-Motor angetrieben.

thematisierte: »Größer innen – kleiner außen« dichten die Strategen und verliehen den Fahrzeugen erstmals Namen. Dodge Mayfarer, Maedowbrook und Coronet hießen die Modelle. Während die kleineren Mayfarer-Modelle auf den Serien D-29 basierten, teilten sich die mittlere und große Baureihe die als D-30 bekannte Basis mit längeren Radständen. Wie damals üblich, fuhren Limousine, Coupé und Cabriolet nahezu gleichzeitig an den Markt. Das Coronet-Spitzenmodell war ein sechssitziges Cabriolet mit 3,14 Meter langem Radstand, geteilter, angepfeilter Windschutzscheibe zum Preis von 2347 Dollar. Sein Motor startete durch Drehung eines Zündschlüssels und wurde über ein Drehpunkt fixiertes Gaspedal kontrolliert – eine bedeutende Innovation auf dem Weg zum komfortablen Automobil.

Dieser Trend nahm in den fünfziger Jahren ungeahnte Dynamik an. Die Sechs- und Achtzylindermodelle von Dodge waren im Markt etabliert. Die Zeit schien reif, den Dodge-Markenwert mit sportlichen Imageprodukten weiter zu heben. Diese Rolle fiel im Jahre 1953 dem Dodge Red Ram zu, einem V8-Triebwerk mit 140 PS im Dodge Coronet. Es war durch Verkleinerung des Hubraums von 5,4 Liter auf 4,0 Liter aus dem legendären Chrysler-Hemi-Aggregat hervorgegangen, einem Triebwerk mit halbkugelförmigen jeglichen Brennräumen. Es wurde im Dodge Coronet in Verbindung mit einem automatischen Getriebe angeboten, das Schalten überflüssig machte.

Im selben Jahr brachte Dodge die ersten von Star-Designer Virgil Exner entworfenen Automobile auf den Markt. Ihre Karosserien waren schlanker als bisher und weniger pausbackig, mit fließenden Linien und Motorhauben, die dem Wind weniger Angriffsflächen boten. Zur neuen eleganten Linie gehörten auch Windschutzscheiben aus einem Stück, die zu Panoramaglas gewölbt waren. Erstmals ließen sich Türen durch Ziehen am Griff öffnen, Fenster elektrisch schließen und Autos mit Servohilfe lenken. Zahlreiche Dodge-Sonderserien wurden in den Fünfzigern aufgelegt, die Spitzenmotorisierung im Dodge Custom und Royal übernahm ein 6,3-l-V8-Aggregat mit 345 PS.

Mitte der fünfziger Jahre schossen die Verkaufszahlen der Dodge-Modelle in die Höhe. Die Steigerungsraten gegenüber den Vorjahren wuchsen bis auf 160 Prozent. Im Jahre 1957 erreichte das Volumen mit 288.511 Einheiten einen vorläufigen Höhepunkt. Doch danach brach der Aufstieg zum zweiten Mal jäh ab. Viele Kunden wechselten zu anderen Marken, weil sie 1958 zu lange auf ihren Neuwagen hätten warten müssen. Erst die neuen Modelle von 1960 mit selbsttragenden Karosserien kurbelten den Dodge-Umsatz wieder an. Daran wird deutlich, wie sensibel die Nachfrage in jener Zeit auf strategische Missgriffe eines Unternehmens reagierte. Von einem Jahr zum anderen verdoppelten sich schließlich die Zahlen: Wurden 1959 noch 156.385 Einheiten verkauft, so bescherten 367.804 Einheiten 1960 ein echtes Rekordjahr.

Die sechziger Jahre standen für die Marke Dodge im Zeichen des Motorsports. Mit Fahrzeugen auf den ersten drei Plätzen beim Stock Car Rennen Daytona 500 des Jahres 1964 war der Grundstein für den sportlichen Überbau der Marke gelegt. Zunehmend nahm die Öffentlichkeit Dodge als sportliche Marke wahr und wünschte, sich über Straßensportwagen mit ihr zu identifizieren. Und beflügelt von Rennsport-Erfolgen legte das Management tatsächlich zahlreiche sportliche Fahrzeuge auf. Überwiegend hochgerüstete Modelle auf Basis von Serienfahrzeugen und teilweise als Sonderedition. Einige wurden nicht zuletzt durch Auftritte in Kinofilmen und populären amerikanischen Fernsehserien zu automobilen Legenden, unter ihnen der Dodge Charger. Er spielte in der TV-Serie »Dukes of Hazzard« den vierrädrigen Hauptdarsteller. Im Jahre 1968 stand der Charger mit fünf verschiedenen Motoren bei den Händlern, vom 5,2-l-V8 über den 7,0-l-V8-Hemi bis zum 7,2-l-V8-Magnum. Wobei der 425 PS starke Hemi sowie der 475 PS starke Magnum nur im limitierten Dodge Charger R/T angeboten wurden.

Auch die gern mit Rennstreifen kolorierten Modelle Dodge Super Bee, Dart GTS und Coronet R/T aus jenen Jahren wurden später zu Klassikern. Das vermutlich wildeste Muscle Car der Sechziger war indes der Charger Daytona von 1969, ein Coupé mit angesetzter Spitznase für wenig Luftwiderstand und einem bis über Dachhöhe reichenden Heckspoiler. Das unter ästhetischem Gesichtspunkt hässliche Auto wurde als Homologationsmodell für die NASCAR (National Association for Stock Car Auto Racing) Rennwagen von Dodge gebaut und war ein wahrhaftiges Biest. Es wurde 505 Mal verkauft, obwohl es unverschämte 8900 Dollar kostete und damit mehr als doppelt so teuer war wie der Charger R/T. Doch seine Publikumswirksamkeit war im Preis enthalten.

Die Liebe zu unbändiger Motorleistung setzte sich bei den Kunden Anfang der siebziger Jahre glückselig fort. Erst die Ölkrise von 1973 riss die Autonationen aus ihrem langen Traum von der unbegrenzten Verfügbarkeit von Ressourcen. Sie leitete eine dramatische Wende im Kundenverhalten ein, auf die Autohersteller postwendend reagierten. Meistverkauftes Dodge-Modell in 1973 war der Dart mit 288.692 Einheiten. In der Grundausstattung stellte ein 3,2-l-Reihensechszylindermotor 95 PS bereit. Die so genannten »Full Size«-Autos mit stattlichen V8-Aggregaten hatten plötzlich keine Chance mehr, sich am Markt zu behaupten. Der Monaco, das Dodge-Flaggschiff mit 5,9-l-V8-Aggregat, war beispielsweise nur über kräftige Rabatte zu verkaufen.

Eine bemerkenswerte Nachfrage erlebte dagegen der kompakte Dodge Colt, ein für die USA umbenannter Mitsubishi Colt. Seine Verkaufszahlen verdoppelten sich in nur drei Jahren. In 1977 fanden mehr als 77.000 einen Käufer, obwohl die Schwestermarke Plymouth mit dem Arrow einen preiswerteren, ebenfalls von Mitsubishi gefertigten Kompaktwagen im Angebot hatte. Dieser verkaufte sich in Nordamerika im selben Jahr immerhin 50.000 Mal.

Die Kooperation mit anderen Marken, die eine gewachsene Kompetenz im Bau von Treibstoff sparenden, kompakten Automobilen besaßen, war der schnellste und preiswerteste strategische Schachzug von Dodge, mit dem das Unternehmen auf die sich damals rasch verändernden Kundenwünsche reagieren konnte. Deshalb nahm die Marke 1978 auch den in England als Chrysler Horizon und in Frankreich als Simca Horizon gefertigten Kompaktwagen mit Heckklappe ins Programm. Zum Dodge Omni baute die Chrysler-Tochter ihn in den USA zusammen und markierte wiederum eine Premiere: Der Omni war zusammen mit dem auf derselben Fertigungslinie wachsenden Plymouth Horizon der erste in Amerika gebaute Fronttriebler im Kompaktformat. Auf Anhieb verkaufte er sich mehr als 189.000 Mal, wurde zum Verkaufsschlager der Marke Dodge und rettete Chrysler seinerzeit vor dem Konkurs.

Den Dodge Omni trieb zur Markteinführung ein 1,7-l-Volkswagen-Motor an. Ab 1981 ersetzte ihn ein Vierzylinder-2,2-l-Chrysler-Aggregat, das in einer »heißen« Version sogar 110 PS abgab. Diese GLH-Version (»Goes Like Hell«) entstand unter Mithilfe von Carroll Shelby, dem Vater des legendären V8-Sportwagens AC Cobra. Der Kompaktlimousine zur Seite gestellt wurde im Jahre 1979 ein schmissiges Coupé, der Omni 024. Aus ihm sollte 1990 der Dodge

DAS VERMUTLICH WILDESTE MUSCLE CAR DER SECHZIGER IST DER CHARGER DAYTONA, EIN COUPÉ MIT ANGESETZTER SPITZNASE FÜR WENIG LUFTWIDERSTAND UND EINEM BIS ÜBER DACHHÖHE REICHENDEN HECKSPOILER. ERST DIE ÖLKRISE BEENDET DEN TRAUM VON DER UNBEGRENZTEN VERFÜGBARKEIT DER RESSOURCEN.

Mit dem Coupé Dodge Charger von 1966 begann die sportliche Ausrichtung der Marke. Zu Wettbewerbsversionen aufgerüstet nahmen Dodge Charger Daytona am gleichnamigen Autorennen teil und fuhren im selben Jahr mit 200 mph (322 km/h) einen neuen Rundenrekord.

Charger

MINIVANS UND SPORTWAGEN MIT DEM NAMEN DODGE SIND BEREITS ERFOLGREICH. DOCH EINE LIMOUSINE INTERPRETIERT TRADITIONELLE DODGE-MARKENWERTE NEU: HOHE PRODUKTQUALITÄT UND FUNKTIONALITÄT SOWIE EIN GUTES PREIS-LEISTUNGS-VERHÄLTNIS.

Daytona Shelby hervorgehen, ein wildes Sportcoupé mit elektronisch selbstregulierendem Fahrwerk. Im Jahre 1979 kam auch der erste frontgetriebene Pick-up eines amerikanischen Herstellers auf den Markt, der Dodge Rampage.

Im Jahre 1983 vollzogen die für Dodge Verantwortlichen einen radikalen Imagewechsel ihrer Marke. Zusammen mit der Schwester Plymouth brachte Dodge den ersten Minivan heraus, der als Chrysler Voyager seinen Siegeszug um die Welt antrat. Der Dodge Caravan war auf einer modifizierten K-Plattform entstanden und bot die Raumverhältnisse eines normalen US-Vans auf wesentlich kleinerer Verkehrsfläche. Der Wagen überzeugte mit Ausstattungen und Fahrleistungen einer Limousine und passte in die amerikanische Normgarage. Schon im zweiten Modelljahr wurden mehr als 100.000 Minivans mit dem Dodge-Logo verkauft. Zwei Jahre später waren es schon 200.000 jährlich. Von dem bis heute über 10 Millionen Mal verkauften Chrysler-Group Minivan tragen die meisten ein Dodge-Emblem.

Die Erkenntnis, dass die Marke Dodge angesichts ihres gewaltigen Erfolgs mit Minivans ein zweites Standbein benötigte, um auch langfristig sicher zu stehen, reifte im Management des Unternehmens Mitte der achtziger Jahre heran. Am 4. Januar 1989, zu Beginn des 75. Jubiläums der Marke Dodge, stand er überraschend auf der Motorshow in Detroit: ein V10-Sportwagen wie ein Hammerschlag, der Dodge Viper RT/10. Wer erfuhr, dass ihm ein 8,0-l-V10-Triebwerk auf die Beine half, stellte keine weiteren Fragen. Seine Produktion begann 1992. Jedes Jahr wurden fortan 1400 bis 2000 Einheiten zusammengefügt.

Sowohl Minivans als auch Sportwagen mit dem Namen Dodge waren jetzt erfolgreich. Zusätzlich eine Limousinen-Modellreihe aufzubauen würde die Marke nachhaltig stärken, befanden die Markenbetreuer – und schickten 1993 Limousinen auf der neuen frontangetriebenen LH-Plattform an den Markt. Ihre Besonderheit bestand im so genannten »Cab Forward«-Design, einer Raumaufteilung mit weit nach vorn reichender Fahrgastzelle. Auf diese Weise wurde ein besonders großzügig geschnittenes Interieur geboten und entsprechend große Bewegungsfreiheit. Mit dem Cab-Forward-Design wandte die Chrysler-Gruppe die innovative Raumgestaltung des Minivans auf Limousinen an. Das unter dem Namen Dodge Inteprid rangierende Modell interpretierte traditionelle Dodge-Markenwerte neu: hohe Produktqualität und Funktionalität sowie ein gutes Preis-Leistungs-Verhältnis. Das Rezept war überaus erfolgreich.

Nach dem Vorbild des mittlerweile zur Dodge Viper SRT-10 weiterentwickelten V10-Sportwagens stellte Dodge mit dem Ram SRT-10 im Jahre 2004 einen 249 Stundenkilometer schnellen Pick-up auf die Räder, den schnellsten der Welt, wie das Guinness Buch der Rekorde vermerkt. Angetrieben von der beeindruckenden 506 PS starken Kraftmaschine der aktuellen Viper, die aus 8,3 Liter Hubraum bis zu 678 Newtonmeter Drehmoment bei nur 4200 U/min entwickelt, zählt dieser Dodge Ram SRT-10 zu den wildesten Hengsten im Automobilgehege der Neuzeit.

Die Marke Dodge erntete Ende der achtziger Jahre mit vielen Produkten eine so respektable Anerkennung, dass Chrysler die Zeit gekommen sah, seine Tochtermarke 1999 in die NASCAR-Rennserie zurückzuführen. Nicht nur Insider erinnern sich an die Dodge-Erfolge in den Fünfzigern, Sechzigern und Siebzigern. Das erste NASCAR-Rennen von 1953 wurde von Lee Petty in einem Dodge gewonnen. Und die letzte Teilnahme an einem NASCAR-Rennen 1977 beendete Neil Bonnett für Dodge mit einem Sieg.

Im Jahre 2003 schließlich wurde unter dem Markennamen Dodge der moderne HEMI-V8-Motor zur Serienreife gebracht. Ein kraftvoller, wirtschaftlich arbeitender und kostengünstig herzustellender Motor, der für die Tradition des fünf Jahrzehnte zuvor so erfolgreichen, ebenfalls mit hemisphärischen Brennräumen arbeitenden Triebwerks steht. Er beschleunigte das neue Oberklasse-Modell im Chrysler-Konzern, den 300C, den Jeep Grand Cherokee und den Dodge Magnum, und unterstrich den Anspruch der Traditionsmarke, seine Strategie im Bau innovativer Automobiltechnik in die Zukunft zu führen.

Mit dem Dodge Caravan läutete die Marke im Jahre 1984 die Minivan-Ära ein. Die Großraumlimousine offerierte erstmals eine bis dato unbekannte Flexibilität der Innenraumnutzung.

EIN AMERIKANER IN EUROPA

EIN FÜNFTÜRER, EIN GELÄNDEWAGEN, EIN STADTAUTO, EIN SUPERMOBIL – ES GIBT SIE NOCH NICHT, DIE SCHLAGWÖRTER, DIE DEN NEUEN DODGE CALIBER PERFEKT BESCHREIBEN. UND DAS IST AUCH GUT SO.

LIGHT
CAMERA
ACTION
CALIBER!

AUF HOHEN REIFEN ALLES IM BLICK

D
B RZ 1

PLATZ
AUF FAHRTEN
MIT GUTEN
FREUNDEN

D
B RZ 1

Wem ein ausgewachsener Geländewagen zu behäbig ist, der findet in der wendigen Dodge Caliber-Studie ein alternatives Angebot, ohne auf SUV-Vorzüge gänzlich verzichten zu müssen.

Nach 90 erfolgreichen Jahren am heimischen Markt, so erkannte das Management der Chrysler Car Group Anfang des 21. Jahrhunderts, werde es Zeit, die amerikanische Traditionsmarke Dodge über die Grenzen Nordamerikas hinaus, in die Welt zu schicken. Ausgerechnet dorthin, wo die automobile Konkurrenz am härtesten ist, nach Europa. Denn wer sich hier durchsetzt, überlebt auch in anderen Märkten, so die Erfahrung von Experten. Der Aufbruch in die Höhle des Löwen ist für 2006 terminiert und soll mit einer Automobilneuheit erfolgen, die ins heiß umkämpfte C-Segment stößt. Das Fahrzeug, mit dem Europa erobert werden soll, ist der neue Dodge-Caliber-Concept-Car.

FÜR DEN AUFBRUCH IN DIE HÖHLE DES LÖWEN HAT DIE CHRYSLER CAR GROUP EIN VÖLLIG NEUES AUTOMOBILKONZEPT ERARBEITET: EMOTIONAL, KRAFTVOLL, DETAILVERSIERT PRÄSENTIERT SICH EIN ERHÖHTES FAHRZEUG FÜR DIE STADT: DAS NEUE DODGE-CALIBER-CONCEPT-CAR

Einer wohl überlegten Strategie folgend, präsentiert die Chrysler Car Group am 10. Februar 2005 in London den ersten Vorboten des Dodge Caliber für internationale Märkte als Kompaktlimousine. »Wir bringen eine neue Emotionalität in die Einförmigkeit des C-Segments«, kommentiert Chryslers oberster Designstratege Trevor Creed den Auftritt des 4,41 Meter langen, 1,74 breiten und mit 1,53 Meter Höhe außerordentlich stattlichen Fünftürers. Er erinnert an den kraftvollen Auftritt seiner Markengeschwister in den USA, wo neben gewichtigen Kleinlastern für den Normalbürger auch leistungsstarke Personenwagen und der Über-Roadster Viper SRT-10 unter dem Markennamen Dodge auftreten. Seine Potenz spiegelt sich in der mächtigen Front mit dem Dodge-typischen Fadenkreuz-Kühlergrill, der einem Geländewagen-Gesicht nachempfunden ist, seinen stark konturierten Radläufen, den kräftigen Schultern und dem hohen Heck. Das Übrige tragen die riesigen 19-Zoll-Räder bei.

Im Interieur des Dodge Caliber-Konzepts herrscht hohe Flexibilität, das Wageninnere ist gespickt mit neuartigen Detaillösungen. Die Fondsitze sind klappbar, wodurch der ohnehin große Gepäckraum erweitert wird, und es gibt zahlreiche Ablagen sowie eine Materialanmutung auf hohem europäischem Niveau. Die Fondsitze können darüber hinaus in Liegeposition fahren, und die Getränkehalter sind beleuchtet, im Handschuhfach ist ein Kühlschrank integriert, und die Innenraumbeleuchtung kann man als komplette Einheit herausnehmen, wenn eine Taschenlampe gebraucht wird. Außerdem sind Steckmöglichkeiten für MP3-Player im Mitteltunnel vorgesehen und neun Lautsprecher sowie ein Subwoofer verbaut. Der Wagen wirbt mit einem selten hohen Unterhaltungswert. Für Partys unter freiem Himmel klappt man einfach eine Lautsprechereinheit aus der geöffneten Heckklappe und richtet sie zur Open-Air-Tanzfläche aus. »Für die Millennium-Generation«, wissen Marketing-Fachleute. Für eine neue Zielgruppe also, denen Erlebnisse in der Gemeinschaft mehr bedeuten als Egotrips. Ihre automobilen Bedürfnisse konzentriert diese Gruppe auf »something to drink and good music!« Klingt sehr amerikanisch, spiegelt aber nur die Oberfläche wider. Dahinter darf mehr erwartet werden.

Die neue Dodge-Studie trägt unterm sportlich frisierten Blechkleid Fahrwerks- und Antriebstriebstechnik von hierzulande erwünschter Bescheidenheit. Sie entstand in Zusammenarbeit mit Mitsubishi und umfasst moderne Vierzylindermotoren bis 170 PS. Die Motorkraft wird auf die Fronträder übertragen. Vielleicht wird zukünftig auch ein Allrad-Antrieb angeboten. Der Fünftürer überbaut einen stattlichen Radstand von 264 Zentimetern, leistet sich nur knappe Karosserieüberhänge und hinterlässt dadurch einen betont sportlichen Eindruck. Das Caliber-Konzept rollt auf ungewöhnlich großen 245/45 R 19-Reifen. Es werden Benzinmotoren mit 1,8 Liter, 2,0 Liter und 2,4 Liter Hubraum verbaut werden. Auch ein hochmoderner Dieseldirekteinspritzer mit 2,0 Hubraum wird erwartet.

Chrysler ist überzeugt, die über 90 Jahre alte US-Marke Dodge mit der Caliber-Studie besonders zielgenau im Markt zu landen, weil diese mit etwas erhöhter Sitzposition eine Art Stadtgeländewagen darstellt. Für derlei Fahrzeuge mit so genannter »Command«-Sitzposition, die den etwas höher sitzenden Passagieren einen besseren Überblick im Verkehr bieten, erwarten die Fachleute einen Nachfrageboom. Wem ein ausgewachsener Geländewagen zu behäbig ist, findet im wendigen Dodge-Konzept ein alternatives Angebot, ohne auf SUV-Vorzüge gänzlich verzichten zu müssen.

Durch die Wahl der Modellbezeichnung »Caliber« unterstreicht Chrysler seine Entschlossenheit, Märkte außerhalb von Amerika mit dem Fahrzeugkonzept, das in dieser Form bisher nicht angeboten wird, machtvoll zu erobern. Der Name versinnbildlicht, wie die Marke Dodge die Zähne bleckt, um im europäischen Markt automobiler Überkapazitäten wahrgenommen zu werden.

»Grab Life by the Horns« dichten die Werbestrategen traditionell für den US-Auftritt der Marke Dodge. Europa wird landläufig durch einen Stier symbolisiert. Ihn zu bezwingen bedarf großen Mutes. »Pack den Stier bei den Hörnern«, rufen sich die Dodge-Verantwortlichen deshalb zu und mischen in den Dodge-Lack des Premierenexponats einen kräftigen Schuss Rot.

UND DAS
GESICHT
EINES
ECHTEN
DODGE

ES LEBE DER SPORT

DIE SECHZIGER JAHRE SIND DIE SPORTLICHE DEKADE IN DER GESCHICHTE VON DODGE. EIN MÄCHTIGES V8-TRIEBWERK MIT HALBKUGELFÖRMIGEN BRENNRÄUMEN ROLLT DIE NASCAR-RENNSERIE AUF. DAMIT LEGT DODGE DAS FUNDAMENT FÜR EINE KULTUR SPORTLICHER FAHRZEUGE MIT ALLTAGSTAUGLICHER RENNTECHNIK, DIE BIS HEUTE LEBENDIG GEBLIEBEN IST.

Wir sind sicher, dass ein innovativer, von Technik getriebener Konzern wie wir, der zudem eine automobile Führungsrolle besitzt, seine Wettbewerbsfähigkeit unbedingt anlässlich öffentlicher Veranstaltungen unter Beweis stellen muss«, erklärt Konzernchef Robert Anderson im Jahre 1964. So stehen die sechziger Jahre im Zeichen der sportlichen Ausrichtung auch der Marke Dodge. Ein Ingenieurteam unter der Leitung von William Weertman und Tom Hoover erhält den Auftrag, einen extrem leistungsstarken V8-Rennmotor zu entwickeln. Erstmals zum Saisonstart der NASCAR Rennserie 1964, den »Daytona 500«, soll er einsatzbereit sein. Rechtzeitig warm gelaufen war ein 6,98 Liter mächtiger V8-Motor mit halbkugelförmigen (hemisphärischen) Brennräumen, ein so genannter HEMI-Motor mit 425 PS. Er bildet die Basis für Weiterentwicklungen, die in zahlreichen Wettbewerben zum Einsatz kommen. Bereits im ersten Rennen deklassierten die HEMI-getriebenen Dodge-Fahrzeuge die Konkurrenz. Vom Start an führten sie am 7. Februar 1964 das Teilnehmerfeld des legendären Rennens »Daytona 500« an. Im Ziel gehören die ersten vier Ränge ihnen. Die Sensation war perfekt, und die Welt kennt neue Siegertypen: die von HEMI-V8-Zylindern angetriebenen Dodge und Plymouth der Chrysler Corporation.

Zwei Wochen später wiederholt sich dieser Erfolg in Greenville, South Carolina. Vier Dodge überfahren nacheinander die Ziellinie, vor allen anderen. Sie ernten die Trophäen. Zum Ende des Jahres gehen 26 Rennsiege auf das Konto der neuen HEMI-Boliden.

Wie in der NASCAR-Serie üblich, wurden infolge dieser motorischen Überlegenheit für die kommende Rennsaison 1965 die Regularien geändert. Ab sofort dürfen nur Rennmotoren zum Einsatz kommen, die auch in Fahrzeugen für den öffentlichen Straßenverkehr verkauft werden. Die Siegertypen von 1964 blieben den 65er-Rennen fern. Stattdessen konzentriert sich die Marke auf rennfähige Dodge Polara mit kompressorgeladenen Serienaggregaten. Das so genannte Chargers-Team unter der Federführung von Jim Johnson und Jimmy Nix debütiert 1965 mit abgespeckten Serien-Dodge-Modellen, die von aufgeladenen Max-Wedge-Motoren befeuert werden. Und 1966 kommen die HEMI-Triebwerke zurück. Als Rennmotoren entwickelt stecken sie nun in einem Dodge Charger und leisten 425 PS bei 5600 U/min. Der »Street HEMI« ist geboren.

In diesen frühen Jahren seiner Motorsport-Aktivitäten legt die Marke Dodge das Fundament für sportliche Fahrzeuge mit alltagstauglicher Renntechnik. In den Folgejahren wächst das Angebot solch sportlicher Modelle, und es wird eine Markenkultur etabliert, die bis heute blüht. In der 2002 gegründeten PVO (Performance Vehicle Operations) treibt sie Früchte auf Basis aktueller Fahrzeug-Baureihen. Die Exponaten bringen ihre Serien-Bestimmung in der Modellbezeichnung SRT (Street Racing Technology) zum Ausdruck.

Der schnellste Pick-up der Welt heißt Dodge Ram SRT-10 und ist im Guinness Buch der Rekorde mit einer Highspeed von über 242 km/h verewigt.

Mit aerodynamisch konsequent optimierter Karosserie dominierten die Dodge Charger 500 ab 1969 die amerikanische NASCAR Rennserie. Insgesamt wurden 505 Einheiten homologiert. Sie nutzten die technische Basis der Dodge Charger Straßenfahrzeuge.

THE DODGE FAMILY

SEIT MEHR ALS 90 JAHREN STEHT DER NAME DODGE FÜR AUTOMOBILE LEIDENSCHAFT. DIE AKTUELLE MODELL-PALETTE REICHT VON DER KOMPAKT-LIMOUSINE DODGE NEON ÜBER VANS, SUV'S UND PICK-UPS BIS HIN ZU AUSNAHME-SPORTWAGEN WIE DER VIPER SRT-10.

seit 1994

NEON

NEON SXT

Der Dodge Neon ist eine viertürige Kompakt-Limousine, die sich durch ein besonders gutes Preis-Leistungs-Verhältnis auszeichnet. Der Neon SXT des Jahrgangs 2005 wurde durch Design-Anleihen beim SRT-4 optisch stark aufgewertet. Zum Beispiel eine neue Motorhaube und integrierte Nebelscheinwerfer

-- Motor: 2,0 Liter Reihen-Vierzylinder
-- Leistung: 98 kW (133 PS) bei 5600 U/min
-- Drehmoment: 177 Nm bei 4600 U/min
-- Kraftübertragung: Vorderräder
-- Maße (LxBxH): 4430x1711x1421 mm
-- Gewicht: 1171 kg bis 1230 kg

seit 2001

STRATUS

STRATUS R/T COUPE

Das Stratus Coupé steht für Fahrspaß, ohne auf Funktionalität verzichten zu müssen. Auf den ersten Blick als Dodge erkennbar, verbindet das Stratus Coupé hohe Leistung und sehr gutes Handling mit einem Raumangebot, dass man von einem sportlichen Coupé nicht erwartet.

-- Motor: 3,0 Liter V6-Motor
-- Leistung: 149 kW (203 PS) bei 5500 U/min
-- Drehmoment: 278 Nm bei 4500 U/min
-- Kraftübertragung: Vorderräder
-- Maße (LxBxH): 4850x1785x1370 mm
-- Gewicht: ab 1454 kg

seit 2005

MAGNUM

MAGNUM R/T

Der Dodge Magnum steht exemplarisch für die Renaissance der amerikanischen Muscle-Cars. Der Magnum RT mit dem 5,7 Liter Hemi V8 bietet Kraft im Überfluss. Fahrwerk und Bremsen auf höchstem Niveau sowie ESP und Traktionskontrolle sind selbstverständlich.

-- Motor: 5,7 Liter V8-Motor
-- Leistung: 254 kW (340 PS) bei 5000 U/min
-- Drehmoment: 525 Nm bei 4000 U/min
-- Kraftübertragung: Hinterräder
-- Maße (LxBxH): 5021x1881x1481 mm
-- Gewicht: ab 1895 kg

seit 1987

CARAVAN

GRAND CARAVAN SXT

Der meistverkaufte Minivan der vergangenen 20 Jahre: Der Dodge Caravan und das Schwestermodell Chrysler Voyager bleibt auch nach 10 Millionen verkauften Exemplaren Marktführer. Der Grand Caravan mit über drei Metern Radstand und über fünf Metern Länge bietet Platz für sieben Personen und viel mehr.

- *Motor: 3,8 Liter V6-Motor*
- *Leistung: 154 kW (209 PS) bei 5000 U/min*
- *Drehmoment: 323 Nm bei 4000 U/min*
- *Kraftübertragung: Vorderräder*
- *Maße (LxBxH): 5093x1997x1750 mm*
- *Gewicht: ab 1962 kg*

seit 1992

VIPER

VIPER SRT 10

Mit der Präsentation der Viper im Jahr 1992 hat sich die Welt der Supersportwagen verändert: Die etablierte Konkurrenz aus Europa hatte auf der Straße, aber auch auf den Rennstrecken wieder einen Herausforderer aus Amerika. Mit dem Viper SRT 10 Coupé erweckte Dodge den Archetyp des amerikanischen Sportwagens zu neuem Leben.

- *Motor: 8,3 Liter V10-Motor*
- *Leistung: 372 kW (500 PS) bei 5600 U/min*
- *Drehmoment: 712 Nm bei 4200 U/min*
- *Kraftübertragung: Hinterräder*
- *Maße (LxBxH): 4459x1911x1210 mm*
- *Gewicht: 1546 kg*

seit 1998

DURANGO

DURANGO SLT

Der Dodge Durango ist ein ausgewachsenes Sports Utility Vehicle mit sehr viel Platz für sieben Passagiere samt Gepäck. Trotz seiner Größe bietet der Durango überlegenen Fahrkomfort bei angemessenem Verbrauch. Die starken Motoren werden auch mit vier Tonnen am Haken fertig.

- *Motor: 5,7 Liter HEMI V8-Motor*
- *Leistung: 250 kW (335 PS) bei 5200 U/min*
- *Drehmoment: 502 Nm bei 4200 U/min*
- *Kraftübertragung: Allradantrieb*
- *Maße (LxBxH): 5101x1930x1887 mm*
- *Gewicht: 2360 kg*

GEMEINSAM IST ALLEN FAHRZEUGEN DER OFFENSIVE UND SELBSTBEWUSSTE AUFTRITT. SEIT DEN FÜNFZIGER JAHREN STEHT DAS FADENKREUZ IM KÜHLERGRILL EINES DODGE FÜR SPORTLICHES, WEGWEISENDES DESIGN. EIN DODGE SIGNALISIERT DURCHSETZUNGSVERMÖGEN UND KRAFT.

seit 1986

DAKOTA

DAKOTA CLUB CAB LARAMIE 4X4

Mit dem Dakota hat Dodge das Segment der Mid-Size Pick-ups definiert. Der neue Dakota ist der einzige Pick-up in diesem Segment mit Dodge V8-Power. Außerdem bietet er die Fähigkeiten eines Full-Size Pick-ups mit kompakten Abmessungen – genau das, was die Kunden wünschen.

-- Motor: 4,7 Liter MAGNUM V8-Motor
-- Leistung: 170 kW (230 PS) bei 4600 U/min
-- Drehmoment: 400 Nm bei 3600 U/min
-- Kraftübertragung: Allradantrieb
-- Maße (LxBxH): 5558x1822x1741 mm
-- Gewicht: 2041 kg

seit 1995

RAM

RAM TRUCK MEGA CAB

Mit den Modellen aus der RAM-Familie ist Dodge unbestrittener Marktführer im Segment der Pick-ups. Mit dem RAM Mega Cab bietet Dodge den Truck mit der längsten Kabine an: 282 cm lang, bietet sie Platz für sechs Personen und einen Stauraum von mehr als 2000 Litern.

-- Motor: 5,7 Liter HEMI V8-Motor
-- Leistung: 257 kW (345 PS) bei 5400 U/min
-- Drehmoment: 509 Nm bei 4200 U/min
-- Kraftübertragung: Allradantrieb
-- Maße (LxBxH): 6342x2019x1993 mm
-- Gewicht: ab 2600 kg

seit 2006

CHARGER

CHARGER R/T

Der Charger R/T bietet alles im Überfluss, was ein Muscle-Car ausmacht: Leistung, Handling, Bremsen, Look und Spirit. Verwegen, kraftvoll und extrem lebendig verkörpert er alle Attribute der Marke Dodge und ist damit ein würdiger Nachfolger der Charger-Modelle aus den Sechzigern und Siebzigern.

-- Motor: 5,7 Liter HEMI V8-Motor
-- Leistung: 254 kW (340 PS) bei 5000 U/min
-- Drehmoment: 525 Nm bei 4000 U/min
-- Kraftübertragung: Hinterradantrieb
-- Maße (LxBxH): 5082x1891x1479 mm
-- Gewicht: 1828 kg

IN DEN WEITEN DES RAUMES

WÄRE DIESER WAGEN EIN MENSCH, WÜRDE MAN IHN TREFFEND ALS »HALBSTARKEN« BESCHREIBEN – IM BESTEN SINN AUFBRAUSEND, WENIG FESTGELEGT UND OFFEN FÜR ALLES, WAS SPASS MACHT. GLEICHALTRIGE WERDEN DIESE STUDIE EINES MID-SIZE-SUV LIEBEN.

Einmal Schüler-Shuttle, ein anderes Mal Lastenesel, aber auch Basisstation für Freizeitsportler oder Serviceabteil eines mobilen Dienstleisters.

»Das Design ist das Ergebnis funktioneller Anforderungen«, kommentiert Rick Aneiros, Markenverantwortlicher von Jeep und Dodge.

KRAFT, STRENGE, FORM UND FUNKTION

Im Vorfeld des Auftritts von Dodge in den Weltmärkten präsentierte die Marke neben dem in London vorgestellten Dodge Caliber zeitgleich am 10. Februar 2005 im nordamerikanischen Chicago ein zweites Automobil, den Dodge Nitro. Wie der Caliber war auch der Dodge Nitro zu diesem Zeitpunkt noch ein Konzeptfahrzeug. Erste Serienversionen werden zum Markteintritt 2006 erwartet. Während der Caliber für das in Europa sehr hart umkämpfte C-Segment gedacht ist, füllt der Dodge Nitro eine Nische im Markt für Geländewagen, dem in Nordamerika umsatzstärksten Markt.

NICHT SO KLOBIG WIE EIN FULL-SIZE-SUV, ABER GENAUSO GRENZENLOS EINSETZBAR: DER DODGE NITRO KANN EIN GELÄNDEWAGEN SEIN, BASISSTATION FÜR FREIZEITSPORTLER – ODER EIN ÜBERRASCHEND GERÄUMIGES PERSONENFAHRZEUG. EINER FÜR ALLES EBEN.

»Mit hohem Nutzwert verbunden verkörpert der Dodge Nitro den markanten und leistungsstarken Charakter der Marke«, erklärte Dieter Zetsche, Präsident und CEO der Chrysler Group. Ein vergleichbarer Charakter ist heute im SUV-Markt, dem Markt für freizeitorientierte Sport Utlity Vehicle, nicht vertreten. Anders als Jeep, die Geländewagenmarke für Menschen mit Pioniergeist, spricht der kompakte SUV Dodge Nitro eher Menschen an, die ihr Auto gern verwandeln, um es vielfältig einsetzen zu können. Einmal nutzen sie es als Schüler-Shuttle, ein anderes Mal als Lastenesel, dann als Basisstation für Freizeitsportler oder als Serviceabteil eines mobilen Dienstleisters. Als so genannter Midsize-SUV besitzt der Nitro Qualitäten eines fünfsitzigen Minivans, der eine erhöhte Sitzposition und überdurchschnittlich hohe Bodenfreiheit sowie Allradantrieb bietet. Ein solches Automobilkonzept hat es nie zuvor gegeben. Es erweitert den Kreis der Dodge-Produktfamilie, die bisher aus Personenwagen, einem Sportwagen, Minivans, großen »Full-size«-SUVs und Pick-ups besteht.

Auf einem Radstand von 275 Zentimetern überbaut der Dodge Nitro-Studie eine Verkehrsfläche von 454 Zentimeter Länge und 156 Zentimeter Breite. Seine 176 Zentimeter hohe Erscheinung setzt der runde Formen favorisierende weichen Formensprache ostasiatischer Mitbewerber markante geometrische Strenge entgegen. Die Charakterstärke des Dodge Nitro sieht Trevor Creed, oberster Designstratege der Chysler Group, durch robust wirkende Karosseriemerkmale ausgedrückt. Etwa die aufrecht stehende Seiten- und Heckverglasung, die muskulös herausgearbeiteten Radhausverkleidungen und die platteauartige Motorhaube, die vom markanten Chromkühler mit Dodge-Fadenkreuz gestützt wird.

Die geometrische Strenge der Gesamterscheinung setzt sich bis in Details fort und prägt den stolzen Charakter des Nitro. So nehmen die Stockwerk-Scheinwerfer vorn die rechten Winkel ebenso wieder auf wie die Prall-Elemente der Stossfänger und die Außenspiegel. Sogar die seitlichen Lüftungsgitter, die Türgriffe und Hecklampen folgen dem gleichen grafischen Ordnungsprinzip. Durch ihre dominante Präsenz wird ein bulliger Auftritt inszeniert, der im Markt für Midsize-SUVs einzigartig ist.

Blickfang und funktionelles Element zugleich sind die 20 Zoll großen Aluminiumräder des Nitro. Sie sind ebenso aus gebürstetem Material wie die Türgriffe, aber auch die Streben der Lüftungsschlitze und der Heckklappengriff. »Das Design des Nitro verstehen wir nicht als Spielerei«, kommentiert Rick Aneiros, Markenverantwortlicher von Jeep und Dodge. Aneiros weiter: »Das Design ist das Ergebnis funktioneller Anforderungen.« Deshalb gilt die integrierte Dachreling mit Querträgern nicht als Modeschmuck. Sie ist ebenso wie die Anhängerkupplung Ausdruck hoher Alltagstauglichkeit.

Chrom und silber polierte Oberflächen beherrschen das Interieur des Nitro. Sie erzeugen den Eindruck technischer Präzision. Die rotschwarzen Ledersitze und Türverkleidungen wirken zeitlos klassisch. Sie strahlen Modernität aus, ohne in kurzlebige Spielereien abzugleiten. Der Fahrer blickt auf vier Rundinstrumente mit weißen Ziffernblättern und elektro-lumineszierender Beleuchtung. Die Mittelkonsole trägt ein in dieser Fahrzeugkategorie einzigartiges 180-Millimeter-Farbdisplay. Es zeigt Informationen der DVD-Satellitennavigation sowie der Audioanlage.

Fünf Personen finden im Dodge Nitro mehr Bewegungsfreiheit als in diesem Segment üblich. Wenn der Midsize-SUV zum Transport sperriger Güter gebraucht wird, werden alle Rückenlehnen einfach umgeklappt. Der Kofferaumboden besteht aus robustem, abwaschbarem Vinyl. Eine Eigenschaft, die besonders von Freizeitsportlern geschätzt wird, die nasse Skistiefel, Tauchanzüge oder ein Angel-Equipment mitführen wollen.

Fahrspaß wird von den Markenverantwortlichen für alle Dodge-Fahrzeuge reklamiert. Ein Dodge muss immer fahrdynamisch aktiver sein als das entsprechende Konkurrenzmodell, heißt es. Deshalb ist das Konzeptfahrzeug Dodge Nitro mit dem 3,7-Liter-V6-Aggregat des Jeep Cherokee ausgerüstet, mit dem er sich auch die Bodengruppe teilt. Das 1867-Kilo-Paket Dodge Nitro wird von 157 kW (210 PS) bis auf 175 km/h beschleunigt. Den Sprint von null auf 100 km/h absolviert er in 9,6 Sekunden. Der Dodge Nitro schließt die Angebotslücke im Europa-Portfolio zwischen Jeep Cherokee und Chrysler Voyager und kennt in der Disziplin »Ausdrucksstärke« keine Konkurrenz.

Geometrische Strenge setzt sich bis in Details wie Stockwerkscheinwerfer und Außenspiegel fort. Sie prägten den stolzen Charakter des Dodge Nitro.

DIETER
ZETSCHE

»WIR HABEN UNS ZUM ZIEL GESETZT, DAS EHRGEIZIGSTE PRODUKTPROGRAMM UNSERER MARKENGESCHICHTE ZU ENTWICKELN UND UMZUSETZEN.«

Dieser Mann ist immer in Bewegung. Dieter Zetsche, Präsident und CEO der Chrysler Group, hat das Unternehmen sehr erfolgreich zurück auf die Erfolgsspur gebracht, zurück unter die Großen des Automobilbusiness. Allein im Jahr 2004 wurde ein operativer Gewinn von 1,9 Milliarden Dollar erzielt, ohne die Ergebnisse aus Finanzdienstleistungen. Im ersten Quartal 2005 stieg der Umsatz noch einmal um sieben Prozent. Doch herunterschalten tut er deshalb nicht. Ab 1. Januar 2006 ist er Vorstandsvorsitzender von DaimlerChrysler.

Zetsche, der Kosmopolit, drängt die Marke Dodge zur Internationalität. »Wir haben uns zum Ziel gesetzt, das ehrgeizigste Produktprogramm unserer Markengeschichte zu entwickeln und umzusetzen. Zwischen 2003 und 2007 wird die Chrysler Group die Anzahl verkaufter Fahrzeuge verdoppeln. Das ist unser Ziel. Wir werden es mit der Ausrichtung der Marke Dodge auf internationale Märkte schaffen«, verkündet er. »Auch unsere Dieselvarianten werden in dieser Zeit deutlich zulegen!«, sagt er und erklärt damit, warum Dodge unbedingt im hart umkämpften europäischen Automobilmarkt sein internationales Debüt feiern muss: »Die größte Herausforderung für die Einführung einer Marke hat das Händlernetzwerk zu meistern. Wir haben bereits eins für die Marken Chrysler und Jeep. Es ist leistungsfähig, deshalb nutzen wir es auch für Dodge.« Und mit Blick auf die verfügbare Modelpalette nennt er ein spezielles europäisches Anforderungsprofil: »Hier gibt es besonders viele Kunden, die ein ausgewogenes Preis-Leistungs-Verhältnis wünschen. Das können wir mit Dodge-Fahrzeugen bieten. Darüber hinaus denken wir natürlich auch über weitere Märkte außerhalb Europas nach.«

Heute kommen europaweit etwa 0,7 Prozent aller Neufahrzeuge von der Chrysler Group. Mithilfe von Dodge versprechen sich die Strategen einen Anstieg bis 2007 auf 1,0 Prozent. Das würde ein Wachstum von jährlich 100.000 auf 140.000 Fahrzeuge bedeuten. »Dodge tritt mutig auf, deshalb nimmt die Marke eine einzigartige Marktposition ein«, erklärt Zetsche. »Sie ist durch und durch amerikanisch. Eine Qualität, die weltweit sehr geschätzt wird«. Die Chrysler Group arbeitet dabei immer ausgesprochen eng mit den Entwicklungsingenieuren der anderen Schwestermarken im DaimlerChrysler-Konzern zusammen.

Dazu Zetsche: »Wir sehen keinen Grund die Vorteile Marken übergreifender Kooperationen zu übersehen, so lange jeder Wagen alle Versprechen einlöst, die die Marke Dodge gibt. So genannte »rebadged« Autos wird es aber in der Chrysler Group niemals mehr geben.« Der neue Dodge Caliber tritt mit sehr viel Selbstbewusstsein in Europa an, davon ist Zetsche überzeugt. Doch er schränkt allzu kühne Erwartungen ein: »Wir beabsichtigen nicht, Absatzzahlen wie andere Großserienhersteller zu erzielen. Dennoch erwarte ich, dass alle wettbewerbsstarken Marken ein Auge auf uns haben. Wir verstehen deren Interesse als Kompliment.«

Die Chrysler Group produziert außer in den USA heute schon in China, Deutschland, Kanada, Mexiko, Venezuela, Ägypten und Österreich. Ob die Expansion der Marke auch neue Produktionsstätten fordern wird? Chrysler-Boss Dieter Zetsche winkt ab: »Nicht zwangsläufig. Letztlich wird die Nachfrage entscheiden, ob wir neue Produktionskapazitäten benötigen.« Sagt's und eilt davon!

DIETER ZETSCHE

Der Doktor der Elektrotechnik wurde 1953 in Istanbul geboren. Dieter Zetsche wuchs in Frankfurt am Main auf.
Seinen Einstieg in die Automobilindustrie fand er als Ingenieur in der Forschungsabteilung von Mercedes-Benz. Nach verschiedenen internationalen Management-Positionen fand er 1987 zum Unternehmen zurück und durchlief Stationen in Brasilien, Argentinien und den USA. Seit dem 17. Oktober 2000 ist Zetsche Präsident und CEO der Chrysler Group. Ab 1. Januar 2006 ist er Vorstandsvorsitzender der DaimlerChrysler AG.

Der 10. Februar 2005 ist ein sonniger Tag in London. Erfreulich für die Bevölkerung, doch unerheblich für Joe Eberhardt, der in der britischen Hauptstadt Epochales verkündet: »Dodge wächst über die Grenzen Nordamerikas hinaus und kommt mit neuen Produkten nach Europa!« Eberhardt, in der Chrysler Group verantwortlich für Sales und Marketing, ist Realist. »Vermutlich weiß der durchschnittliche Europäer über die Marke Dodge nicht mehr als ich wusste, als ich in die USA kam«, sagt er, »nämlich sehr wenig!« Dann lacht er und plaudert aus dem Nähkästchen: »Zunächst dachte ich, wer Dodge sagt, meint riesige Lastwagen, so genannte Trucks. Doch ich konnte lernen, dass weitaus mehr hinter der Marke steckt.«

Dann umreißt Joe Eberhardt die Marke genauer, grenzt sie ab: »Zunächst einmal ist Dodge die Volumen-Marke der Chrysler Group in Nordamerika. Europäer kennen die Marken Jeep und Chrysler, wissen aber kaum, dass Dodge in den USA so viele Autos verkauft, wie Jeep und Chrysler zusammengenommen. Dodge ist in der amerikanischen Automobilhistorie tief verwurzelt. Bevor Dodge mit der Fertigung von Automobilen begann, hat das Unternehmen Teile für das erste am Fließband entstandene Auto geliefert, das Ford T-Modell. Dodge dominierte über Jahrzehnte hinweg den Amerikanischen Motorsport und verlieh der Ära der so genannten »Muscle Cars« immer wieder neue Impulse. Doch Dodge kann nicht nur auf eine schillernde Vergangenheit zurückblicken; die Marke besitzt eine lebendige Gegenwart. Weil das Modellangebot von Dodge in Nordamerika einzigartig umfangreich ist. Es reicht vom Kleinwagen bis zur Komfortlimousine oder Minivan und umfasst auch kompakte sowie stattliche Geländewagen, Pick-ups und Kombis.«

JOE EBERHARDT

Der 1963 in Stuttgart geborene Joe Eberhardt studierte Wirtschaft in New York. Er begann 1985 als Business Analyst bei Daimler Benz; von 1999 an war er für Marketing, Vertrieb und Service von Mercedes-Benz, Chrysler, Jeep und Smart in Großbritannien verantwortlich. Unter seiner Führung verdoppelte sich der Verkauf von DaimlerChrysler-Pkw in Großbritannien – in einem stabilen Markt. Seit dem 1. Juni 2003 ist Eberhardt Executive Vice President für Global Sales und Marketing in der gesamten Chrysler-Gruppe.

Der Motor unternehmerischen Erfolgs heißt Wachstum. Deshalb verwundert es nicht, dass die Chrysler Group auch in Europa mehr Autos verkaufen möchte. Doch wer die bestehende Markenvielfalt Europas kennt, staunt, wenn Eberhardt verkündet, dass die Chrysler Group für mehr Wachstum eine weitgehend unbekannte Automobilmarke einführt. Joe Eberhardt: »Die Marke Dodge spricht Menschen an, die von Jeep- und Chrysler-Fahrzeugen nicht erreicht werden. Zusammen mit Dodge unterhält die Chrysler Group demnächst drei Automobilmarken außerhalb von Nordamerika mit ausgeprägtem Charakter, die sich nicht kanibalisieren, weil sie unterschiedliche Werte verkörpern. Bisher fuhren hierzulande der Kompaktwagen Neon sowie die Viper als Chrysler in Kundenhand, obwohl sie als Dodge entwickelt worden waren.« Und Joe Eberhardt zeichnet mit den Händen die Grafik beider Kühlergrills nach: »Das Fadenkreuz ist ein typisches Dodge-Merkmal. Es passt gar nicht zur Marke Chrysler, mit Dodge wird es jetzt authentisch!« Und wir nicken zustimmend.

Mit der Markteinführung ihrer dritten Marke in Europa legt die Chrysler Group ihr Dasein als Mauerblümchen ab. Weil der neue Dodge Caliber eine breite Zielgruppe anspricht. Anders als bisherige Modelle von Chrysler und Jeep wächst der Dodge Caliber international in einen Volumenmarkt hinein. »Nur wer sich in einem wettbewerbsstarken Marktsegment behauptet, kann hohe Stückzahlen erreichen«, deklariert Eberhardt und markiert das wesentliche Ziel der Marke Dodge. »Wir sehen den Dodge Caliber als Konkurrenten des Mazda 3, Volkswagen Golf, Peugeot 307, Ford Focus und Alfa Romeo 147.«

Erfolge eines neuen Produkts in einem neuen Markt sind schwer kalkulierbar. Entsprechend behutsam formuliert die Chrysler Group ihre Verkaufsziele für den Dodge Caliber. Joe Eberhardt: »Dodge spielt die entscheidende Rolle für unser Streben nach mehr Absatzvolumen in Europa. Wir gehen davon aus, dass Dodge künftig mehr als 25 Prozent des internationalen Verkaufsvolumen der Chrysler Group stellen wird. Allein in Europa wird Dodge mehr als die Hälfte des Wachstums der Chrysler Group ausmachen.« Dann gibt Joe Eberhardt einen Einblick in die Langfristigkeit von Planungen des Automobilkonzerns: »Unser bestehendes Händlernetz zählt zu den Trümpfen für eine erfolgreiche Einführung von Dodge. Ein Händler, dessen Einrichtungen für die Marken Chrysler und Jeep auf aktuellem Niveau liegen, kann die Marke Dodge kostengünstig und modular integrieren. Die meisten unserer Händler sind selbstständige Unternehmer. Wir können und wollen niemanden zwingen, künftig auch Dodge-Fahrzeuge zu verkaufen. Allerdings glaube ich, dass keiner von ihnen die Erfolgsaussichten ignorieren wird. Schließlich können die Gesamtkosten eines Betriebs künftig auf wesentlich höhere Verkaufseinheiten umgelegt werden. Zum jetzigen Zeitpunkt macht es deshalb wenig Sinn, exklusive Dodge-Händler zu etablieren.«

Die Verantwortlichen diesseits und jenseits des Atlantiks versprühen Optimismus. Ihre Vorbereitungen scheinen abgeschlossen zu sein, um die Marke Dodge auch hierzulande hell leuchten zu lassen. Doch wird der Kunde die Botschaften lesen? Joe Eberhardt zweifelt nicht daran: »Wenn die ersten Dodge Caliber im europäischen Markt sichtbar sind, werden wir niemanden von der Emotionalität ihres Auftritts überzeugen müssen. Darin bin ich mir sehr sicher! Seine markanten Züge und zeitgeistig-modernen Attribute springen den Kunden geradezu an. Es wird ihm schwer fallen, dem aggressiven, durchsetzungsfähigen und wertorientierten Charakter zu widerstehen.« Nach weiteren Plänen zu Dodge im europäischen Markt gefragt, schwankt Joe Eberhardt zwischen offener Begeisterung und vornehmer Zurückhaltung. Schließlich öffnet er ein ganz kleines Fenster in die weitere Dodge-Zukunft: »Dodge besitzt ein genau definiertes Markenbild und kann sich ein umfangreiches Modellangebot mit mehreren Baureihen leisten. Das zeigen unsere über Jahrzehnte hinweg gewonnenen Erfahrungen in den Vereinigten Staaten von Amerika. Doch der europäische Markt ist anders, Europäer gewichten Produkteigenschaften anders. Deshalb müssen wir in Europa besondere Dodge-Fahrzeuge anbieten, die den europäischen Anforderungen genügen. Seien Sie sicher, dass wir aufregende Neuheiten der Marke Dodge speziell für Europa in Vorbereitung haben. Sie werden so markant auftreten, dass niemand sie übersehen kann!«

Nachdem Joe Eberhardt den Raum verlässt, bleibt die Gewissheit, dass ein Pfeiler in die Autogeschichte gerammt wurde. Keine Gedenktafel, die von der Geburt einer neuen Marke kündet, sondern ein Pfosten mit Wegweiser. Er weist von Westen herüber nach Europa, ist stabil genug, einen Widder zu halten und verkündet: Grab Life by the Horns!

JOE EBERHARDT

DESIGN OF THE SIGN

ES IST KAUM DAVON AUSZUGEHEN, DASS DIE BRÜDER HORACE UND JOHN DODGE DIE GESCHICHTE VON PHILEMON UND BAUCIS KANNTEN – DER MECHANIKER UND DER METHODIST ARBEITETEN VIEL ZU VIEL, ALS DASS SIE MUSSE GEFUNDEN HÄTTEN, SICH MIT DEM WERK OVIDS, DES GRIECHISCHEN PHILOSOPHEN UND ERZÄHLERS AUSEINANDER ZU SETZEN – UND SEINER GESCHICHTE VOM GESCHWISTERPAAR, DAS IMMER ZUSAMMENBLIEB. PHILEMON UND BAUCIS STRITTEN NIE UND WURDEN VON DEN GÖTTERN ZUM DANK NACH BEENDIGUNG IHRES DASEINS ALS MENSCH IN ZWEI PRACHTVOLLE BÄUME VERWANDELT, DEREN ÄSTE SICH HEUTE NOCH MANCHMAL BERÜHREN. ABER DEM ERSTEN LOGO DER MARKE DODGE, DEM BERÜHMTEN SECHSZACKIGEN STERN, BESTEHEND AUS ZWEI GESCHWISTERLICHEN DREIECKEN, EIN B UND EIN D UMFASSEND, SCHEINT DIE GLEICHE IDEE VON FREUNDSCHAFT, VON HARMONIE EINGESCHRIEBEN ZU SEIN WIE DER GESCHICHTE DER GRIECHISCHEN LIEBENDEN. MIT DEM UNTERSCHIED, DASS ES IM GARTEN DER DICHTER TAUSEND WORTE BRAUCHT; DIE VERBUNDENHEIT DER BRÜDER HINGEGEN FAND ÜBER IHRE DARSTELLUNG ALS LOGO WIE EIN PROJEKTIL DIREKT EINGANG IN DAS DENKEN VON MILLIONEN.

Das erste Dodge-Logo aus dem Jahr 1914: Die Absicht, auf dem globalen Markt respektiert zu werden, findet in der Weltkarte ihren Ausdruck.

Goldene Jahre: Retro-Design zum 50. Geburtstag der Marke.

Geschwindigkeit und Präzision Hand in Hand: Logo und Dodge-Werte.

Der Pfeil weist die Richtung, die jedes gute Markenzeichen einschlägt: ins Gehirn des Betrachters.

Das stilisierte Familienwappen als Logo in den Vierzigerjahren.

Aus dem Jahr 1938 stammt diese Kombination des ersten Logos mit kräftigen Schwingen.

Zwei Jahre später, 1940, weisen die Flügelspitzen nach unten als holte das Logo Schwung.

Weitere Abstraktion führt im Jahr 1956 dazu, dass von den Flügeln nur die V-Form bleibt, die aber zugleich als Synonym für V8 steht.

Das Streifenmuster, ein typisches Kennzeichen des Wappens der Marke Dodge.

DIE GEBRÜDER DODGE HATTEN ERKANNT, DASS SIE ES MIT DER SCHNELLSTEN FORM VON KOMMUNIKATION ZU TUN HATTEN, DIE ES JEMALS GAB: DENN EIN GUTES LOGO UMGEHT DAS BEWUSSTSEIN, ES FINDET SEINE FLUGBAHN DURCH DIE KURVEN UNSERES DENKENS.

Von der Verbundenheit der Firmeneigner erzählt das sehr stark an einen Davidstern erinnernde erste Logo der Marke Dodge. Aber es erzählt noch von zwei anderen Dingen, und es erzählt sie so, wie Amerikaner es lieben: einfach und direkt. Zum einen ist es eine Geschichte der Hybris, die das Logo umweht (»Ist mir doch egal, ob das aussieht wie ein Davidstern, für mich sind das zwei Dreiecke«, soll Horace Dodge über sein erstes veritables Markenzeichen gesagt haben). Die Absicht, mit einem Logo für ein Fortbewegungsmittel in Konkurrenz zum Zeichen einer Weltreligion zu treten, entsprach voll und ganz dem Geist der Zeit. Zum anderen ist es die Geschichte einer Absicht – die Absicht der Brüder Dodge, auf dem globalen Markt mindestens respektiert, wenn nicht gar als ernsthafter Mitbewerber des ewigen Rivalen Ford anerkannt zu werden. Sie findet in der Weltkarte ihren Ausdruck, vor der sich die beiden Dreiecke umschließen wie Ovids Liebende auf einem Ast.

Als sie dieses erste Logo im jahr 1914 lancierten, hatten die Gebrüder Dodge bereits erkannt, dass sie es mit der schnellsten Form von Kommunikation zu tun hatten, die es jemals gab. Woran sich bis heute nichts geändert hat: Tagtäglich bahnen sich die bunten Stempel des Kapitals ihren Weg durch das Dickicht unseres Bewusstseins, dahin, wo die Sturheit der Subjekte waltet. Ob es sich nun um das »Shell«-Logo handelt, das 1971 zum letzten Mal verändert wurde, oder das Sendersignet einer Rundfunkstation: Ein gutes Logo umgeht das Bewusstsein, es findet seine Flugbahn durch die Kurven unseres Denkens. Das Logo ist ein Projektil, das im optimalen Fall nie sein Ziel verfehlt.

Wie die meisten Logos, so entwickelte sich auch das der Marke Dodge. Nachdem die Dreißigerjahre die Einführung des Widders als Markenzeichen des aufstrebenden Automobilherstellers erleben durften, gelang es, parallel dazu den »Pentastar«, also den fünfzackigen, wohl für die fünf Marken des Unternehmens Dodge, Plymouth, Chrysler, Imperial und Dodge Trucks als Dachmarkenlogo entflammten schwarzen Stern zu etablieren.

Der Fünfzack und der Widder der Marke Dodge treffen mit geringstem Aufwand ins Herz. Damit unterscheiden sie sich fundamental von bildender Kunst wie von jeder Art von Design. Anders als Kunst, die dem Betrachter immer abverlangt, etwas über ihren Entstehungszusammenhang, mindestens aber ihren Schöpfer zu wissen, servieren Logos Reize ohne Verpflichtung. Anders als Design, das funktionale Probleme als Lösungen kommuniziert, ignorieren Logos das Funktionale. Aus diesem Grund hat der Wandel, haben die vielen Mutationen des Logos der Marke Dodge nicht geschadet – ganz im Gegenteil: Wie ein Kind im Trotz ließ man bei Dodge den Sechszack Sechszack sein, führte instinktsicher den Widder ein. Und, siehe da: »Built Ram Tough«, stark wie ein Widder, mit diesem Satz sind seither im Denken der Amerikaner die Firma Dodge und deren Trucks verwoben.

Aber auch die Besten machen Fehler. Als solcher ist mit Sicherheit die Einführung des stilisierten Familienwappens als Logo der Marke Dodge in den Vierzigerjahren einzuordnen. Wer den schnellen Wechsel vom Widder zu den roten und weißen Streifen des Wappens der Dodge-Familie überhaupt vorangetrieben hat, ist bis heute umstritten. Mit Sicherheit ist die Geschichte des Logos ganz generell von Familienwappen und Siegelringen abzuleiten. Wie Kühlerfiguren, wie Emily und Jaguar der Segelschifffahrt entlehnt sind, so werden auch die ersten Logos in der Geschichte der Menschheit stilisierte Familienwappen gewesen sein. In der Zeit der Befeuerung des menschlichen Auges mit Quintilliarden Zeichen und Signalen pro Tag aber bleibt fraglich, wie hoch die Wiedererkennungschancen eines Familienwappens überhaupt noch sind.

DER MYSTERIÖSE SECHSZACK, DER FÜR DIE TIEFE VERBUNDENHEIT DER BEIDEN BRÜDER JOHN UND HORACE DODGE STEHT SOWIE DER WIDDER – »BUILT RAM TOUGH« – SIND HYPERMODERNE LOGOKONSTRUKTIONEN.

Michael Schirner, ein Werbegott der Achtzigerjahre, hat in seinem überaus lesenswerten Essay »Logo«, vom internationalen Designzentrum in Berlin 1990 veröffentlicht, gezeigt, was die Markenzeichen ausmacht, deren Lebensspanne die des Menschen übersteigen. »Man muss (das Logo)«, schreibt Schirner, »von seiner Funktion als Signatur befreien und nachsehen, wie es arbeitet, wenn es auf sich gestellt ist. Bemerkenswert ist ja heute, wie Logos aus sich heraus Kraft entfalten.« Nur, wenn ein Logo bei größtmöglicher Allgemeinheit größtmögliche Verbindlichkeit erziele, so Schirner weiter, lasse sich positiv über dessen Tauglichkeit entscheiden.

Aus dieser Sicht sind der mysteriöse Sechszack, der für die tiefe Verbundenheit der beiden Brüder John und Horace Dodge steht sowie der Widder, der es mit dem Ausspruch »Built Ram Tough« in den alltäglichen Sprachgebrauch einer der größten Kulturnationen der Welt geschafft hat, hypermoderne Logokonstruktionen: Sie funktionieren nicht nur im Kontext Automobil, sind nicht nur für den exaltierten Experten von Gewicht. Sie sind der Pfeil, sind das Geschoss, das seinen Weg ins Denken des Betrachters findet, und halten damit exakt den von Schirner aufgestellten Bedingungen für zeitgemäße Logotechnologie stand.

Die Aufgabe eines markanten Logos wird oft verkannt, herabgewürdigt, ja belächelt. Als allgemeinste aller Alltagserfahrungen scheint es das Logo oft nicht wert zu sein, dass kluge Menschen sich den Kopf darüber zerbrechen; kein Magazin der Markenzeichen wurde bislang publiziert. Wer gar eine ganze Bibliothek mit gelehrten Büchern zum Thema bauen wollte, der würde durch Räume mit leeren Regalen wandern. Indem sich John und Horace Dodge Gedanken über ihr Signet machten und es – in diametralem Gegensatz zu Mercedes-Benz oder gar Ford – immer wieder veränderten, verfeinerten und überdachten, erwiesen sie sich nicht nur als Avantgardisten. Sie gingen auch verantwortungsvoll mit der ihnen anvertrauten Macht um – der Macht, der Bildsprache ihrer Welt ein Gepräge zu geben.

Wer sich in den USA in den letzten knapp einhundert Jahren für werthaltigen Automobilbau interessierte, war nicht auf ein Feuerwerk an Logos angewiesen, um auf die Qualitäten der Brüder Dodge aufmerksam zu werden – und die Brüder Dodge wussten das. Was sie damals schon erahnten, wird allerdings nicht mehr gewesen sein als ein Feuerschein am Horizont: Wer heutzutage ein Logo sieht, dem wird kaum etwas Neues mitgeteilt. Er wird nicht um seine Meinung gefragt. Und eigentlich wird er auch nicht aufgefordert, irgendetwas zu kaufen. Wer heute ein Logo wie den Widder der Brüder Dodge sieht, dem wird ausschließlich – und ziemlich selbstlos – mitgeteilt: Hallo Mensch! Es gibt dich noch! Denn als kleinster Baustein der Kommunikation erinnert das Logo unser Auge daran, dass die Welt überhaupt existiert. Das Logo erinnert uns an das Loch in unserem Kopf, durch das die Sonne des Außen hereinscheint – es erinnert uns an unsere conditio humana. Erst dann, in einem zweiten Schritt, erinnert es an die Firma, für die es steht – wenn überhaupt.

John und Horace Dodge haben das geahnt. Ihre Logos sind immer zum Stempel komprimierte Geschichten gewesen, die von Verbundenheit erzählten wie von Werthaltigkeit und Solidität. Dem hieraus entstehenden Vertrauensvorschuss in ihre Marke bei Markteinführung in Europa wurden sie bereits gerecht: Auf dem Genfer Salon 2005 hat niemand gefragt, was das denn für ein Zeichen sei, der Widder dieser seltsamen Brüder. Denn dieses Logo ist weltbekannt. Es leitet seit Jahren die Träume an und bringt uns zugleich den Halt unter unseren Füßen zurück, und es verpflichtet uns dabei zu nichts. Es ist, wie nur wenige Logos, die uns alltäglich umschwirren, ein genialer Eyecatcher.

Der »Pentastar« ist das Signet der Chrysler Corporation, zu der Dodge seit 1928 gehört.

1930, als diese Logo-Variante entsteht, sind John und Horace bereits lange tot, das Unternehmen verkauft.

»Built Ram Tough« – ein Claim, der im Logo seinen entsprechenden Ausdruck findet.

EIN TRAUM VON FREIHEIT

DIESER MYTHOS HAT DIE TRÄUME JUNGER AMERIKANER GEPRÄGT WIE ELVIS UND DIE LANDUNG AUF DEM MOND. BIS HEUTE DAUERT DER MYTHOS VOM TRAUMAUTO FORT, ER IST DIE GLOBALE HALLUZINATION. EIN STREIFZUG DURCH DIE WERBEWELTEN EINER FANTASTISCHEN MARKE.

Schließen Sie die Augen. Sehen Sie es auch? Vier junge Amerikaner, die Augen blau, die Wangen leicht gerötet, fahren an einem Sonntag durch ihre Stadt, aus den Boxen ihres Dodge Chargers spinnt sich fein: der männliche Soul des Marvin Gaye. Schmächtige Kinder springen barfuß durch Wasser, das aus Hydranten spritzt. Alte Frauen werfen vor Freude die Arme in die Luft, wenn sie unsere vier Freunde sehen, zwei Mitzwanziger mit ihren hübschen Freundinnen auf einer Spritztour durch den mittleren Westen. Wie ein Pfeil schießen sie durch die Straßen und über das Land, ihre weit geöffneten Poren nehmen den Geruch Amerikas auf. In den kleineren Dörfern, manche scheinen nur aus einer Tankstelle zu bestehen, bleiben fast alle Passanten stehen. Sogar die Bürgermeister sehen sich um nach diesem nagelneuen, burgunderroten Wagen mit dem schwarzen Vinyldach, diesem Traum auf Rädern, der schon wieder weiter jagt, runter nach Jersey, weiter nach Illinois, wo immer auch hin. Die Luft ist warm und tauglich in den Fünfzigerjahren in Amerika.

Lassen wir die vier ruhig weiterfahren, die Männer lachend, die Mädchen mit pochendem Herzen – Sie können die Augen getrost wieder öffnen. Was Sie gerade sahen, vielleicht spürten, war nur ein ganz kleiner Moment aus dem Leben von vier Menschen vor einem halben Jahrhundert, ein Moment, der in der Erinnerung unserer jungen Freunde stets eine besondere Rolle spielt, sofern sie noch am Leben sind – dieser eine Sommertag, an dem sie ihren ersten Ausflug mit dem neuen Dodge Charger machten. Wirklich bedeutsam aber ist nicht der Mensch, sondern sein Auto, der Dodge. Erzählt doch gerade der Charger ein Märchen von Schönheit, Inspiration und Schmerz, mit den Stimmen des Ghettos und denen der Stadt, Stimmen der Freude und der Trauer, und manchmal sind es Stimmen von solcher Schwermütigkeit, dass sie an den Soul des Marvin Gaye erinnern. Wenn diese Stimmen schließlich anheben zu einem gemeinsamen Choral, dann singen sie ein Lied von mythologischer Kraft: das Lied vom Traumauto.

Dieser Mythos, der in der Autofabrikation Amerikas von der Marke Dodge maßgeblich geprägt wurde, hat das Leben – und die Träume – junger Amerikaner nicht nur in den Fünfzigerjahren mindestens so geprägt wie Elvis, wie die Explosion der ersten Wasserstoffbombe, wie die Landung auf dem Mond, wie

It's like money in the bank! Even when you're not using it, nice to know it's there . . . this surge of

extra Power

CORONET V-EIGHT CLUB COUPE

In the new 140-h.p. Red Ram V-Eight engine, Dodge engineers have provided you with a magnificent reserve of acceleration and performance. You take to the highway with greater confidence, greater safety.

And with this surging Red Ram power, you enjoy nimble change-of-pace of new Gyro-Torque Drive. A new road-hugging, curve-holding ride. A new sense of driving mastery.

If your active life demands an Action Car . . . this sleek, trim Dodge is for you. "Road Test" it . . . soon.

New-All New '53 Dodge

Specifications and equipment subject to change without notice.

Charger R/T
RAMROD
DODGE CHARGER R/T
There you were with your plug wrench clenched in a set of badly battered knuckles, wiping the other paw on the back of your jeans, when this black maw of a grille attached to a wingless Mach 2 jet throbs up. "Ha," you scoff. "Bet he has to beat it with a whip to even get it out of the garage." With a snick that can only mean close-coupled four-speed and a howl that says 440 cubes of mean, it disappears. Charger R/T just arrived. End of the road for the do-it-yourself kit, Charlie.
STANDARD R/T EQUIPMENT
● 440 CID, 375-HP (4-bbl.) V8 ● Dual Exhausts
● HD Suspension Package ● HD Brakes
● F70 x 14 Wide-Treads
OPTIONAL
● The Hemi—425 HP
DRIVE SAFELY. IT'S CONTAGIOUS.
Dodge
CHRYSLER
MOTORS CORPORATION
Dodge Scat Pack ... the cars with the Bumblebee stripes

ES SIND NICHT NUR ANZEIGEN, DIE AUF DEN ABBILDUNGEN ZU SEHEN SIND – ES SIND ZU BILDERN GERONNENE STIMMEN IM KONZERT, ES IST EINE WUNDERSCHÖNE PASTORALE, DIE VON MÖGLICHKEITEN SPRICHT, VON GESCHWINDIGKEIT UND LICHT UND WÄRME.

Vietnam und der Fall der Berliner Mauer. Bis heute dauert der Mythos Traumauto fort, er ist die globale Halluzination, geteilt von der Bevölkerung auf dieser Welt. Auf der Auswahl an Anzeigen auf diesen Seiten stellt sich der Traum vor, er kündigt sich an. Allerdings, Anzeigen sind es eigentlich nicht, was auf den Abbildungen zu sehen ist. Es sind zu Bildern geronnene Stimmen im Konzert, es ist eine wunderschöne Pastorale, die von Möglichkeiten spricht, von Geschwindigkeit und Licht und Wärme. Mögen diese Stimmen auch heute potenzielle Kunden anregen, sich in einen Dodge zu setzen, wie tausende übermütiger Amerikaner auf der Suche nach dem Traum, dem Rausch es taten. Mögen diese Stimmen Menschen bewegen, aufs Gaspedal zu treten, bis zum Anschlag, bis es nicht mehr geht.

Paul Bowles, der existentialistische Nestor der amerikanischen Untergrundliteratur des letzten Jahrhunderts, hat einmal gesagt, dass nur, wer langsam verrückt werde während einer großen Fahrt, dass nur, wer einmal in seinem Leben eine absolut sinnlose Strecke in einen Sonnenuntergang hineingefahren sei, etwa in einer Wüste, dass nur der ganz besondere, lebenswichtige Stimmen hören könne. Wahrscheinlich meinte Bowles die gleichen Stimmen, die unsere Freunde in den Fünfzigerjahren mit Sicherheit gut hören konnten, durch das Vinyldach ihres burgunderfarbenen Wagens hindurch. Wenn diese Stimmen Menschen dazu bringen, mehr zu spüren, zu verführen oder aufzubegehren, dann sind es Stimmen der Freiheit. Das Schnurren des Dodge ist solch eine Stimme. Den, der ihn fährt, bringt diese Stimme immer wieder nach Hause, in die eigene Nachbarschaft, in die Straße, in der er wohnt, zu den Dingen, die er hinter sich gelassen hat, zurück. Dann steigt der Mensch aus seinem Dodge und er schaut zu den Sternen, und die Sterne scheinen auf einmal gar nicht mehr weit weg. In dem Wissen, diese Erfahrung mit Millionen zu teilen, fielen unsere vier Dodge-Fahrer in den Fünfzigerjahren nach ihrem Ausflug in sicheren Schlaf und es war, als formten ihre Lippen dabei simultan ein Wort: Freiheit.

»New – All New Dodge«, triumphiert die Anzeige aus dem Jahr 1953, die Form des Wagens im Vordergrund ist Bild- und Bedeutungsträger der Entwicklung der US-amerikanischen Massengesellschaft und zeigt zugleich den Entwicklungsstand der Automobilindustrie ihrer Zeit. Der vordere Kotflügel des beworbenen Wagens ist kastenförmig ausgebildet. Neben der übergreifenden Motorhaube angebracht, geht er nahtlos in die Vordertüren über, die hinteren Kotflügel werden als feine Ausbuchtungen über den Hinterrädern angedeutet. Zierleisten schützen die spiegelglatten Seitenflächen des jagdgrünen Gefährts gegen den Unrat des Alltäglichen. Die Motorhaube ist zwischen den torpedoförmig in die Scheinwerfer übergehenden Vorderkotflügel nach unten gezogen. Der schräg gestellte Kühler im ovalen Rund der Lufteintrittsöffnungen deutet ein »Haifischmaul« an; die Stoßstangen sind in die Karosserie integriert. Bei der Pontonform ist die Gürtellinie bis zum Heck durchgezogen, das als langgestrecktes Stufenheck den Karosserieabschluss bildet. Der Motor liegt vorn. Die Karosserie trägt selbst.

Das Automobil – und mit ihm eben auch der hier beworbene »All New Dodge« – avanciert in den Fünfzigerjahren zum wichtigsten Statussymbol im amerikanischen Traum überhaupt. Dessen ästhetische Verdichtung, deutlich in der All-New-Kampagne fokussiert, wird zum inneren Kern einer jeden Designbemühung. Erst, indem es gilt, die repräsentative Form zu betonen, werden die Fünfzigerjahre dem Nordamerikaner zu einer großen Traumlandschaft; in Umkehrung der reinen Lehre bestimmt auf einmal das Bewusstsein das Sein, und erstmals gilt: Function Follows Form. Der Grund: Technische Innovationen sind – abgesehen von der Einführung der Servolenkung – auf dem Automobilsektor in diesem Jahrzehnt fast

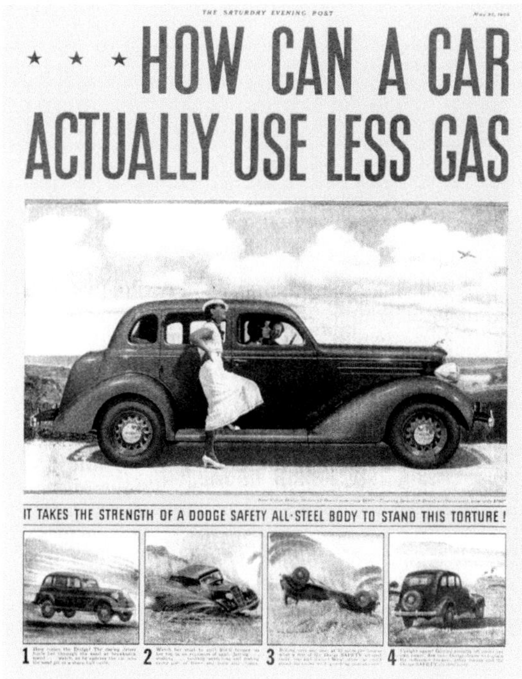

Als Automobile vor allem noch fahren mussten, ging es – wie heute noch, nur eben direkter – um Sicherheit.

AGGRESSIV KLINGENDE WAGENBEZEICHNUNGEN UND DER NICHT GERADE DIFFIZILE CLAIM »THE ACTION CAR FOR ACTION AMERICANS« SIND DEM ÜBERLEGENHEITS-DRUCK EINER ZEIT GESCHULDET, IN DER ES NICHT MEHR NUR DAS DEFINITIVE TRAUMAUTO EINER MARKE GAB.

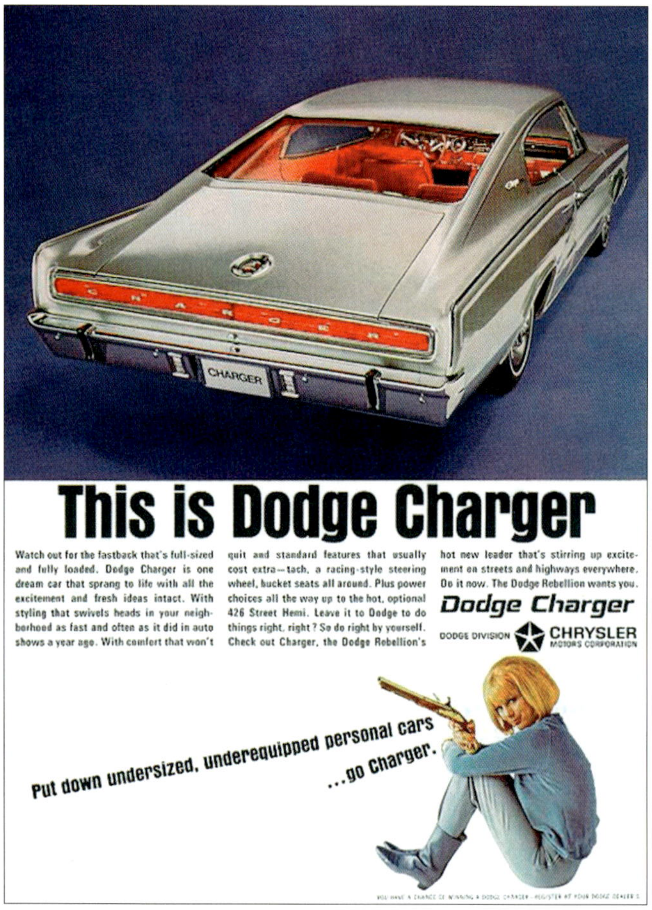

Der Dodge Charger bot Innovationen, als eben diese eine Seltenheit waren. Zum Traumauto seiner Zeit war der Weg nicht mehr weit – auch als muskuläre Merkmale mächtiger wurden.

schon spektakulär selten; da allerdings im Land der großen Beschleunigungen jährlich Modelländerungen erfolgen, bestimmen plötzlich Design und Moden die Industrie. Sie gaukeln dem Kunden ständig Neuerungen vor, wo es gar kein Novum gibt und rechtfertigen somit eine Überfütterung des Marktes. Der Traumwagen als Bricolage aus Kühlerfiguren, Flugzeugnasen und Drahtspeichenrädern wird geboren – und irgendwann erblickt auch der Dodge Charger das Licht der geneigten Welt. Mit einem Unterschied zur Konkurrenz: Hier ist wirklich vieles Innovation. Die einteilige Windschutzscheibe ist gewölbt, die Panoramascheibe, die auch am Heck Verwendung findet, wird bis in das Vinyldach hineingezogen, das mit Kunststoff überzogen ist. Das Prinzip geht auf das Design italienischer Sportwagen aus der Nachkriegszeit zurück und soll die Kraft, Wendigkeit und Geschwindigkeit des Dodge zum Ausdruck bringen.

Mit dem »All New Dodge«, dem »Charger« und dem Charger mit Kunststoffdach also setzt Dodge ästhetische Mittel wie etwa rote Polsterungen und Raumkurvaturen im Inneren, Weißwandbereifung und Chromdekor ein, um ein markenspezifisches Aussehen zu schaffen – und kann doch zugleich immer das Versprechen halten, reine Mechanik zu liefern, die absolut State Of The Art ist. Aus heutiger Sicht aggressiv klingende Wagenbezeichnungen (»Dodge Ramrod« etwa; Ramrod bedeutet soviel wie »Ladestock«) und der nicht gerade diffizile Claim »The Action Car For Action Americans« sind dem Überlegenheits- und Erfolgsdruck einer Zeit geschuldet, in der es nicht mehr nur das definitive Traumauto einer einzigen Marke gab – sondern tausende Modelle um die Gunst des immer skeptischer werdenden Kunden kämpfen mussten.

In hartem Kontrast hierzu steht die Werbestrategie der Firma Dodge in den Vorkriegs- und Kriegsjahren in der Mitte des letzten Jahrhunderts. In den hier dokumentierten Aussagen »How Can A Car Actually Use Less Gas«, »Such Proof – Such Value« und »All-Fluid Drive Belongs To Dodge. The Results Belong To You« scheint eine Zeit auf, in der Mangel herrscht, in der eine breite Käuferschicht auf Langlebigkeit und einen fairen Preis von Produkten setzt – und in der sich die Anbieter auf dem Automobilsektor als Dienstleister des weiblichen Kunden sehen – nicht grundlos haben in den älteren Kampagnen von Automobilkonzernen, nicht zuletzt in denen der Marke Dodge, glückliche Frauen die selbstbewusste Hand am Steuer. Denn gerade die Frauen sind es, die im Krieg erstmals Verantwortlichkeit für ihr Leben sowie für komplette Wirtschaftszweige, die vorher reine Männerdomänen waren, übernehmen und damit auch endlich als Kundinnen ernst genommen werden - während sich die Männer im Krieg anderen Gefahren stellen.

Das Jahr 1950 setzt für die Vereinigten Staaten dann den Neubeginn, der sich wie eine Maske über die selbstverständlich weiterbestehenden Schlüssel der Marke Dodge – wie etwa Werthaltigkeit und Solidität – spannt. Die Belastungen und Einschränkungen des Zweiten Weltkriegs sind überwunden, militärisch, industriell und kulturell avancieren die USA zur Weltmacht Nummer eins. Im Hirn der Amerikaner entwickelt sich in dieser Zeit das psychedelische Zwischenbewusstsein des »Anything Goes«,

1942
All-Fluid Drive Belongs to DODGE
THE RESULTS BELONG TO YOU
(ONLY DODGE IN ITS FIELD OFFERS ALL-FLUID DRIVE)
New Dodge

MEHR UND MEHR GEHT MAN DAZU ÜBER, VERÄNDERUNGEN ZU DEMONSTRIEREN, SICH AUF SCHLÜSSELQUALIFIKATIONEN WIE DIE REINE QUALITÄT DER MECHANIK ZU KONZENTRIEREN, STATT SICH AN DIE SCHNELLLEBIGEN MODEN EINES JEWEILIGEN ZEITENSTROMS ZU VERSCHWENDEN.

Was auf den heutigen Betrachter den Eindruck einer Aktie machen mag, ist eine Anzeige aus den Jahren 1915 bis 1917.

eine Traumzeit der uferlosen Konsumgüterproduktion, deren Kind die Kampagne um den »All New Dodge« ist: Die Kraft des Automotors, der reinen Mechanik, unterstrichen durch die atomblitzartige Rötung im Bildhintergrund, das gleich einer Mini Nuke einherrasende Gefährt – all diese Elemente spiegeln den dröhnenden Technikglauben jener Zeit vor dem eigentlichen, wahrhaftigeren Hintergrund der Qualitätsmarke Dodge.

Die entgrenzt sich entladenden Motorenzeichnungen in der Kampagne um den »Dodge Ramrod«, aber auch »V8« und »Dodge Charger« deuten auf eine wichtige Aufgabenstellung des Jahrzehnts, der die amerikanische Automobilindustrie in den Fünfzigerjahren allerdings durchaus gewachsen ist: Um die Nachfrage zu halten, ja zu steigern, verweist sie fortan vor allem auf neue Eigenschaften von neuen Waren.

Wie bereits gezeigt, imitiert Industriedesign Neuerungen, weil es trotz der großen Freude am Experiment, die dem Jahrzehnt zu eigen ist, erst einmal keine wahren Innovationen geben kann – sind doch sämtliche Forschungsvorhaben seitens der Automobilindustrie während des Krieges vom War Production Board vereitelt worden. Allerdings gelingt es Studebaker, Ford und General Motors, die strengen Regierungsauflagen schon in den Vierzigerjahren zu umgehen – etwa durch Geheimfinanzierung und Zusammenarbeit mit privaten Entwicklungsbüros in South Bend, Indiana. So entstehen etwa der bereits unter Harley Earl entworfene »Cadillac« – doch gerade Ford macht, in krassem Gegensatz zu Dodge, den fatalen Fehler, immer irrwitzigere Farben und Formen für Automobile etablieren zu wollen. Mit seinem 1958 auf den Markt gebrachten »Edsel« fährt der Konzern dann auch veritable 250 Millionen Dollar Miese ein.

Anders Dodge. Das Zeitalter des Luftverkehrs, das sich im gleichen Jahr durch den ersten Start einer Boeing 707 ankündigt, wird von der Marke nicht durch windige Schnitte antizipiert, wie etwa beim Buick »Le Sabre«, der sich nicht nur der Form nach stark am Standard-Kampfjet der US Airforce orientiert, sondern der an der Nase sogar noch die schrille Attrappe eines Düsentriebwerks trägt. Die wehrhafte Frau, die unter der Abbildung des Dodge Charger kniet, bereit, schnell zu handeln, steht für das kompakte, beschleunigte Innere des Wagens, für Substanz und einen inneren Kern, typische Werte der Marke Dodge, die sogar in den halluzinogenen Fünfzigerjahren ohne die Fanfarenklänge der Konkurrenz auskommt.

Mehr und mehr geht man bei Dodge in der Folgezeit dazu über, ausschließlich Autos zu zeigen und die Veränderungen am Modell zu demonstrieren, sich auf Schlüsselqualifikationen wie die reine Qualität der Mechanik zu konzentrieren, statt sich an die schnelllebigen Moden eines jeweiligen Zeitenstroms zu verschwenden. Was zur Folge hat, dass sich Designer bei Dodge seit Ende der Fünfzigerjahre oft stärker unterordnen müssen als bei manchem Mitbewerber – Design sei, was dem Kunden diene, ist im Haus der Brüder die Devise. Dass Dodge dafür im Gegenzug aber nie mit so genannten »Designtricks« arbeitet, mit dem nicht einlösbaren Versprechen, schöner und besser zu sein als eine Vielzahl der Mitbewerber, macht bis heute den hellen Glanz der Marke aus.

Was nicht heißen soll, dass man seitens der Konzernführung Neuerungen unaufgeschlossen gegenübersteht. Zwar bringen die Chefentwickler, Ingenieure und Produktdesigner bei Dodge den Küchendesignern bei Frigidaire und Westinghouse mit ihrer fanatischen Begeisterung für Butterfach, Popcornmaschine und

True beauty of design cannot be forced. It follows natural lines. Its clean simplicity sets a new trend in

STYLE

CORONET V-EIGHT CLUB COUPE

Every flowing line, every graceful contour of the new Dodge represents "beauty with a purpose."

It stems from a design that does away with waste space and meaningless metal *outside* . . . gives you more living space and comfort than ever *inside*. The result is a style that is beautifully natural . . . naturally beautiful . . . with a lithe and eager look that suggests the flashing V-8 power at your command.

Specifications and equipment subject to change without notice.

DEPENDABLE

DODGE

V-EIGHT OR SIX

The Action Car for Active Americans

Look at these final

ALL-AMERICAN SCORES*

SOUTH	
Alabama	21.29
Arkansas	23.72
Florida	22.11
Georgia	22.02
Kentucky	23.14
Louisiana	22.39
Mississippi	20.88
North Carolina	22.88
Oklahoma	20.95
South Carolina	20.54
Tennessee	21.83
Texas	22.27
Virginia	21.69
West Virginia	20.20

EAST	
Connecticut	20.94
Delaware	22.68
Dist. of Columbia	20.97
Maine	20.79
Maryland	21.76
Massachusetts	21.12
New Hampshire	21.18
New Jersey	21.48
New York	21.43
Pennsylvania	21.30
Rhode Island	17.54
Vermont	24.62

MID-WEST	
Illinois	20.41
Indiana	21.50
Iowa	20.95
Kansas	22.77
Michigan	21.77
Minnesota	22.60
Missouri	21.56
Nebraska	21.99
North Dakota	17.97
Ohio	21.04
South Dakota	19.15
Wisconsin	21.04

FAR-WEST	
Arizona	21.59
California	22.99
Colorado	22.72
Idaho	20.50
Montana	24.63
Nevada	25.27
New Mexico	23.14
Oregon	24.07
Utah	22.88
Washington	22.23
Wyoming	20.24
NATIONAL AVERAGE	21.64

(*AVERAGE MILES PER GALLON, BY STATES, IN DODGE NATIONAL CERTIFIED ECONOMY TEST)

Tune in Major Bowes, C. B. S., Thurs., 9 to 10 P. M., E. S. T.

Never Such Proof... Such Value

★ ★ ★ ★ ★ ★ ★ ★ ★ ★ ★

In the Thick of it THEN AND NOW

Dodge continues to absorb all of your defense assignments and to make delivery to your Government promptly on schedule... When you decide to buy a new Dodge motorcar or truck, you actually assist in the maintenance of this vast and essential production system for National Defense.

TALK ABOUT PROOF OF PERFORMANCE! Here's an All-American record that takes some of the guesswork out of economy and stamps Dodge the champion in its class. It gives you an idea of what you may expect when you buy that new Dodge, the one you ought to buy today.

720 NEW DODGES—600 DIFFERENT CITIES—77,747 MILES

(The Perfect Test that Gave the Whole Truth)

Yes, on signal, they all went out on the same day; each covered one hundred miles of normal driving; they travelled a combined distance equal to three times around the world; they used ordinary standard fuel; they carried witnesses with them who swore out affidavits afterwards.

THE GRAND NEWS... THE GRAND AVERAGE

The grand national average was 21.6 miles to the gallon. All the individual records clustered somewhere around that figure, and the affidavits are, of course, all open to your inspection.

There's nothing new in this to the people who already know the new 1942 Dodge, with its ALL-FLUID DRIVE, and its POWER-FLOW ENGINE. But it is the kind of proof that all current buyers of motorcars are entitled to. It's the most complete demonstration, and the most reliable evidence we know of. (*Act today! Time payment terms available.*)

DODGE *Power-flow Engines* ALL-FLUID DRIVE

WEIL DIE MARKE DODGE SICH STETS ZURÜCKHÄLT, WEIL WERTHALTUNG UND SOLIDITÄT IM VORDERGRUND STEHEN, KANN DODGE MARKENWERTE PFLEGEN, DIE HEUTE GLAUBHAFT SIND: EMOTIONALITÄT, FUNKTIONALITÄT UND FAIRNESS.

Waffeleisen eine gesunde Portion Abneigung entgegen, wie aus manch internem Memo der Zeit hervorgehen dürfte. Als aber Earl S. Tupper seine polyäthylengefertigten Döschen via Hausbesuch massenhaft an die Frau bringt, wird man auch bei Dodge hellhörig – beweisen die mattfarbenen Plastikbehälter mit ihren einfachen Formen und ihrem patentierten Verschluss doch, dass auch Produkte aus Kunstoff Wert besitzen. So beginnt man auch bei Dodge früh, Kunststoffe nicht etwa als Ersatz für die Metalle von Elektroartikel zu verwenden, wohl aber für wahre Neuerungen wie für das oben bereits beschriebene Kunststoff- oder »Vinyl«dach einzusetzen – ein für seine Zeit visionärer Schritt.

Der psychedelische Traum, der die Fünfzigerjahre heute vor allem im Bewusstsein vieler älterer Amerikaner war, findet bei weitem nicht in allen Bereichen des Produktdesigns in diesem Jahrzehnt Niederschlag. Neben den noch sehr stark rüttelnden ersten Bohrern der Bewegung, die »Do It Yourself« hieß, die Dave Chapman und D. J. Du Pree entworfen haben, sind wohl vor allem tulpenförmige Büromöbel sowie die Büromöbel von Charles Eames im Bewusstsein geblieben, etwa sein 1956 entworfener »Lounge Chair« und der unfassbare »Ottoman« aus verleimtem Rosenholz mit Polster aus Leder auf einem Drehgestell. Das Wohnzimmer des Amerikaners aber bleibt die kompletten Fünfzigerjahre wundersamerweise von Neuerungen unberührt; viele andere Bereiche des Lebens bleiben es auch.

Betrachten wir es also als Geschenk, dass das Auto in diesen Jahren sein Lied der Freiheit singt. Als man 1957 am dunklen Himmel der amerikanischen Nacht die Bewegung eines strahlenden Lichtkegels beobachten kann, der vom Siegeszug des ersten russischen Satelliten »Sputnik« kündet, ist der Traum jäh verklungen, und eine neue Zeit bricht an. Die starken Ökonomien Japan und Europa drängen auf den amerikanischen Markt, und der innere Feind, die alternative Gegenbewegung gegen Wegwerfmentalität und Weltmachtgehabe, erschüttert den Korpus des Landes.

Auch wenn Dodge damals gut beraten war, den verklingenden Traum fallen zu lassen und sich zu neuen Ufern zu begeben – eine Sache ist geblieben: Der Traum von Freiheit, das Anwerfen der Stimmen, die das Lied vom Mythos Traumauto summen, ist jedem Dodge bis heute eingeschrieben wie eine schöne Gravur. Sie ist in Limousinen und Geländefahrzeugen zu lesen, im Sportwagen und natürlich in jedem Van. Der Traum erscheint nur nicht mehr ohne Skepsis. Doch gerade, weil die Marke Dodge sich immerzu extrem zurückhält, weil selbst in den Kampagnen der Jahre 1950 bis 1957 zu jeder Zeit die Werthaltigkeit und Solidität des Angebots im Vordergrund stehen, kann sich Dodge zu dem entwickeln, was es heute ist: ein Traum mit einem Lenkrad und einem Auspuff auf vier Rädern.

Und wenn Sie jetzt noch einmal die Augen schließen, könnten Sie sich vorstellen, dass Sie es selbst sind, der in seinem neuen Dodge sitzt, burgunderrot, die Frau, den besten Freund an Ihrer Seite. Wenn Sie dann aus weiter Ferne ein Lied, ein Summen vernehmen, dann wird es eben dieser neue alte Song sein, der von einem ganz besonderen Mythos erzählt. Das Traumauto – und die Art und Weise, wie es durch die Jahrzehnte beworben wurde – es mag sich sicherlich verändert haben. Dodge ist aerodynamischer, leistungsfähiger und energiesparender geworden, ist moderner, vielseitiger und reicher an Modellen. Ein Mythos aber ist Dodge geblieben, all die windigen Jahre hindurch.

Der Dodge Charger R/T von 1969 wurde als kompromissloses Männer-Auto beworben. Denn 375 PS Leistung aus einem V8-Aggregat waren in Frauenhand undenkbar.

2625 WWL 13

VIPER *HUNGRIG AUF KONKURRENZ LAUERT SIE SEIT IHREM SERIENSTART 1992 ÜBER DEM ASPHALT, LEGT ALLJÄHRLICH MUSKELN ZU UND ERNTET MIT DER RENNVERSION LORBEEREN BEI INTERNATIONALEN LANGSTRECKENRENNEN. AGGRESSIV KLINGT IHR V10-ALUMINIUMTRIEBWERK. UND IHRE SIDEPIPES GARNIEREN DAS SPEKTAKEL MIT BÖSEM UNTERTON.*

2625 WWL 13

Im sechsten Gang dahingleiten oder mit sportlichem Engagement am Gas über den Asphalt fliegen: Der Roadster Dodge Viper SRT-10 überzeugt immer mit unverwechselbarem Charakter.

VIPER *FLACH UND SELBSTBEWUSST BEHERRSCHT SIE DIE FAHRSPUR. IHRE LÄNGE IST NICHT GEEIGNET, SICH HINTER MITTELKLASSELIMOUSINEN ZU VERSTECKEN. DAMIT LEISTET SICH DIE VIPER EINE RAUMÖKONOMIE, DIE VON DER WEITLÄUFIGKEIT DES AMERIKANISCHEN SEINS KÜNDET.*

Der klassische amerikanische Sportwagen heißt Corvette und stammt von Chevrolet, einer Tochtermarke General Motors'. So weiß es die amerikanische Öffentlichkeit seit Jahrzehnten und teilt diese Auffassung mit den Corvette-Machern – jedenfalls bis 1989. In diesem Schicksalsjahr für Corvette beginnt die Einigkeit zu bröckeln. Der Anlass: Dodge, die sportlich positionierte Marke des kleineren GM-Konkurrenten Chrysler, zündet zehn Dampfhammer eines mächtigen 8,0-l-Kraftwerks, das im Vorderwagen eines aggressiv gestylten Sportwagen-Konzeptfahrzeugs wohnt. Der offene Zweisitzer kommt ein Jahr später auf den Markt und trägt den Namen der Giftschlange Viper. Doch nicht genug, dass die Schlangenbrut Corvette-Sympathisanten verstört. Sie giftet sogar gegen überzeugte Anhänger von Traditionssportwagen aus der Alten Welt – und schickt sich an, gegen Ferrari und Porsche ins Feld zu ziehen.

Breit, flach und hungrig auf Konkurrenz lauert die Dodge Viper seit ihrem Serienstart über dem Asphalt, legt alljährlich Muskeln zu und erntet mit der Rennversion Lorbeeren bei internationalen Langstreckenrennen. Aggressiv klingt ihr einem Pick-up-Truck entlehntes und kräftig hochgerüstetes V10-Aluminiumtriebwerk. Und ihre Sidepipes garnieren das Spektakel mit bösem Unterton, vergleichbar einem Nachbrenner. Formal wie akustisch präsentiert sich die Viper beherrschend, wo immer sie auf ultrabreiten Gummis abrollt. Sie fasziniert und polarisiert das Publikum, und die Piloten haben mit ihr alle Hände voll zu tun.

Fürs Modelljahr 2003 war zunächst nur ein alltagstaugliches Faltdach geplant. Doch die Umsetzung bescherte den Konstrukteuren eine konstruktive Hürde nach der anderen. »Uns war bald klar, dass wir das Pferd nicht von hinten aufzäumen konnten«, resümmiert John Fernandez, Leiter der »Motorsports Operations« bei DaimlerChrysler in Auburn Hills, heute, »deshalb überarbeiteten wir schließlich das Gesamtkonzept.«

Auf den ersten Blick wirkt die aktuelle Dodge Viper SRT-10 ein wenig runder als bisher, etwas kantengefeilt. John Fernandez erklärt: »Das neue, versenkbare Faltdach verlangte nach einem 66 Millimeter längeren Radstand. Damit wurden umfangreiche Eingriffe ins Chassis notwendig, worauf letztlich 50 Prozent aller Karosserieteile neu gestaltet werden mussten.« Der Aufwand motivierte das Team, die Chance für eine deutliche Leistungssteigerung zu nutzen, was wiederum größere Bremsen nach sich zog. Kurzum: Die Renovierung wuchs zur Runderneuerung aus. Sie führte zu einem komplett neu angerührten und wesentlich höher dosierten Konzentrat automobiler Machtdemonstration.

Unverkennbar pflegt der Zweisitzer das Vermächtnis seiner Vorläufer, des Roadster RT/10 und Coupé GTS: Flach und selbstbewusst beherrscht die SRT-10 die Fahrspur mit 191,1 Zentimeter Breite. Ihre Gesamtlänge von 445,9 Zentimeter ist nicht geeignet, sich hinter Mittelklasselimousinen zu verstecken. Damit leistet sich die Dodge Viper eine Raumökonomie, die von der Weitläufigkeit des amerikanischen Seins kündet. Im direkten Vergleich mit dem Premierenmodell wirkt die SRT-10 filigraner, kompakter, weil aerodynamisch optimierter. Designer Osamu Shikoda zeichnet dafür verantwortlich, dass die ellenlange Motorhaube nach vorn deutlich flacher abfällt als bisher. Folglich liegen die vergrößerten Kühllufteinlässe im markentypischen Dodge-Design deutlich tiefer und scheinen den Asphaltbelag der Straße förmlich zu

Als kompromisslose Fahrmaschine ist das Dodge Viper SRT-10 Coupé auch auf Rennstrecken zu Hause.

erschnüffeln. Neben den weicher gerundeten Radhausabschlüssen zum Bug und Heck hin stärken auch die tief eingeschnittenen Kiemen hinter den Vorderrädern, die der Entlüftung von Motor und Bremsen dienen, den Eindruck, es mit einem kompakteren Sportwagen zu tun zu haben, der sich gern in die europäische Automobillandschaft integriert.

Getreu des Kundenwunsches, den puren Fahrcharakter nicht mit gewichtiger Komfortausstattung zu verwässern, kommt das Faltdach der Giftschlange ohne elektrische Helfer aus. Ein Zentralhebel wird entriegelt, und das zweifach faltende Gestänge wird von Hand hinter den beiden massiven Überrollbügeln abgelegt. Dabei dient das ausgesteifte Vorderteil als karosseriebündige Abdeckung der beiden darunterliegenden Partien. Die Heckscheibe ist beheizbar.

Ist die ideale Sitzposition zur vielfach verstellbaren Lenksäule eingenommen und die Pedalerie über elektrische Helfer auf das individuelle Beinmaß ausgerichtet, genießt der Pilot den engen Körperkontakt zur Fahrmaschine: Von gut konturierten Sitzen mit integrierten Kopfstützen in Position gehalten, geht er rechts eng auf Tuchfühlung mit dem mächtigen Getriebetunnel. Nur eine Handbreit vom Lenkkranz entfernt erwartet der Hebel einer knackigen Sechsgangschaltung die Gänge sortierende Hand des Piloten.

Im Blickfeld die weiß unterlegten Armaturen mit zentralem Drehzahlmesser. Abgesehen von Schaltern zur Steuerung der Klimatisierung sowie der Funktionsgruppe um die Audioanlage herum, gibt es keinen weiteren Knopf zu bedienen. Alle automobilen Sekundärfunktionen sind in zwei Lenkstockhebeln untergebracht; außer dem roten Starterknopf. Er weckt das auf 8,3 Liter Hubraum vergrößerte V10-Aggregat unter der Fronthaube zum Leben. Zum Leben? Eher zu einem Feuerwerk impulsiver Kettenreaktionen, die es gilt, mit geübter Hand, kontrolliertem Gasfuß und gutem Augenmaß zu zähmen.

Im Stand gurrt der Leichtmetall-V10 kehlig vor sich hin. Mit spürbarem Kraftaufwand steigt man aufs Kupplungspedal und rastet den ersten Gang mit vernehmbarem Knacken ein. Nun hat man die Wahl: Entweder langsam die Kupplung kommen und die Viper mit Standgas anschieben lassen. Oder beherzt Gas geben und mit etwa 4000 Touren einkuppeln. Während die erste Methode erlaubt, mit jedem Fahrzeug nebenan gleichzuziehen, gelingt es im zweiten Fall, einem startenden F-16 Kampfjet Paroli zu bieten – einschließlich spektakulärer Begleitmusik aus den infernalisch trompetenden Endrohren und aromatischer Asphaltgummierung durch zwei angetriebene Heckwalzen im Format 345/30 ZR 19.

Einmal unterwegs entscheidet die Stimmungslage, welchen Gang der Pilot wählt. Auf Landstraßen ist vom zweiten bis sechsten jeder Gang möglich. Und mithin offenbart sich je nach Laune ein breites Spektrum an automobilem Temperament: Im zweiten und dritten Gang unterhält der aggressive Motorsound und eine bemerkenswerte Spontaneität bei der Gasannahme. Über 4000 U/min hängt die Viper SRT-10 gierig am Gas, bei 4200 Touren entwickelt sie den nachhaltigsten Schub: dann liegen 712 Newtonmeter Drehmoment an. Über 5000 U/min quittiert die Antriebseinheit jeden Gaswechsel mit immer explosiveren Temperamentsausbrüchen, begleitet von schwer definierbarem Knarzen und Mahlen und metallischem Klacken. Bei 5600 Touren schließlich liegt die Höchstleistung an. Sie beträgt 500 Pferdestärken und ist für eine Spitzengeschwindigkeit deutlich jenseits von 300 km/h gut. Wer sich in diese Zustände hochentwickelter Schlangenbrut begibt, führt besser ein wirksames Gegengift zur Neutralisation seines Geschwindigkeitsrausches mit: eine Mixtur aus fahrerischem Können und menschlicher Vernunft.

Im sechsten Gang über Land offenbart die SRT-10 eine völlig andere Seite ihres Wesens. Aus dem Drehzahlkeller beschleunigt sie innerstädtisch wie jeder Mittelklasse-Sportler im verschärften Sprint. Bis Richtgeschwindigkeit auf Autobahnen steigen Geräuschniveau und Nadel des Drehzahlmessers kaum, die Schalthand hat Ruhe und Cruisen ist angesagt. Mit Wind in den Haaren und der akustischen Untermalung aus einer Audioanlage mit sechsfach bestücktem CD-Wechsler genießt man die Freiheit, jederzeit den Teufel unterm luftigen Karosseriekleid reizen zu können, wenn einem der Sinn danach steht.

Dass ein amerikanischer Sportwagen nicht nur geradeaus fahren kann, lehrt die Viper SRT-10 in eindrucksvoller Weise. Präzise zirkelt sie die Eingänge der Kurven an, durchmisst sie messerscharf und stürzt am Kurvenausgang zum Horizont, wobei sie merklich kraftvoll beschleunigt. Lastwechsel sind nahezu komplett abwesend, weshalb der Roadster niemals die Balance verliert. Dass er noch bei hohem Tempo auf deutschen Autobahnen ruhig bleibt, verdankt man der unauffällig zum Heckspoiler geformten Abrisskante am Fond sowie einer zwei Millimeter starken Aluminium-Unterbodenverkleidung. Ab 250 km/h erzeugt letztere eine in Heckdiffusoren mündende Luftströmung entlang des Unterbodens, die ihrerseits für Abtrieb sorgt.

Die Dodge Viper SRT-10 hält die Erwartungen, die sie mit ihrem aggressiven Auftritt schürt, auch in der fahrdynamischen Praxis. Die Gewichtsverteilung wurde in der zweiten Modellgeneration verbessert. So hat der aktuelle Roadster, der zudem um 15,3 Kilo erleichtert wurde, merklich an Handlichkeit gewonnen. Das Urmeter für amerikanische Sportwagen trägt Schlangenhaut. Ihr schillernder Glanz lässt die Marke Dodge nicht nur im Flutlicht automobiler Sportstätten brillieren, sondern auch auf den weltstädtischen Boulevards von Paris, London, Rom und Berlin.

Mit den klassischen Proportionen und der Hochleistungstechnik moderner Motorenentwicklung gilt die Viper SRT-10 als Inbegriff des amerikanischen Sportwagens.

P625 WWL 13

Trotz imposanter Außenmaße liegt die Viper SRT-10 ihrem Piloten so eng am Leib wie eine knapp geschnittene Jeans.

VIPER *BEI 5600 TOUREN LIEGT DIE HÖCHSTLEISTUNG VON 500 PFERDESTÄRKEN AN. SIE IST FÜR EINE SPITZENGESCHWINDIGKEIT JENSEITS VON 300 KM/H GUT.*
WER SICH IN DIESE ZUSTÄNDE HOCH ENTWICKELTER SCHLANGENBRUT BEGIBT, FÜHRT BESSER GEGENGIFT ZUR NEUTRALISATION SEINES GESCHWINDIGKEITSRAUSCHES MIT: EINE MIXTUR AUS FAHRERISCHEM KÖNNEN UND MENSCHLICHER VERNUNFT.

Rote Viper, blaue Viper, gekühlten Mütchens oder heiß auf eine schnelle Rundfahrt – wenn mehr als tausend Schlangenbeschwörer sich treffen, ist immer einiges los.

EINE SCHLANGE WIE DU UND ICH

EINMAL IM JAHR KOMMEN MENSCHEN MIT IMPOSANT AUFTRETENDEN ROADSTERN ZUSAMMEN, UM SICH DES GEBURTSTAGES IHRES LIEBSTEN SPIELZEUGES ZU ERFREUEN, DER DODGE VIPER. UND SO ERSCHEINT, WAS IM EINZELNEN BETRACHTET RESPEKT EINFLÖSST, WIE JEDES WECHSELBLÜTIGE BIEST IN DER VERSAMMLUNG GERADEZU WARMHERZIG. WIR HABEN UNS IN ORLANDO, FLORIDA, INS NEST DER SCHLANGE BEGEBEN. DIE ERGEBNISSE DER FELDFORSCHUNG ENTNEHMEN SIE DEN BILDREIHEN ANBEI.

Mickey Mouse wäre zweifellos Viper gefahren, glauben die Menschen an diesem Samstagnachmittag in Orlando/Florida. Für fünf Tage gleicht Disneyland einem Freizeitpark für Schlangenbeschwörer. So dichtet die örtliche Presse in dicken Lettern: »Orlando gets snake bit«, was frei übersetzt zur Einsicht führt, dass Orlando von einer wilden Schlange gebissen wurde.

Etwa 1400 Schlangenmenschen in mehr als 600 Dodge Viper zeichnen für die Geräuschkulisse über Disneyland verantwortlich, die an ein Nest wilder Hummeln erinnert, in Wahrheit aber aus dem Schlangennest stammt. Die Menschen mit ihren imposant auftretenden Roadstern kommen jedes Jahr woanders zusammen, um sich des Geburtstages ihres liebsten Spielzeuges zu erfreuen, der Dodge Viper. Dazu inszenieren sie die vermutlich verrückteste automobile Spielwiese der Gegenwart. Und wo könnte man auf dieser hemmungsloser spielen als im größten Freizeitpark der Welt?

Da es Amerikas Supersportwagen zu Walt Disneys Zeiten noch nicht gab, kam Mickey Mouse nicht in den Genuss, eine Viper mit bis zu 506 PS Leistung zu bewegen. Stephanie Huvaere aus Richmond/Michigan begrüßt das natürlich. Sie befürchtet, dass »eine Giftschlange, die die Viper nun mal sei, Amerikas Super-Maus hätte gefährlich werden können«. Und Jon Brost weiß um die langjährige Erfahrung, die ein Viper-Pilot mitbringen muss, um die wilde Schlange zu zämen. Mickey Mouse sei auf diesem Fachgebiet vielleicht doch ein wenig unerfahren. Jon, dem ein Reisebüro in Washington gehört, besitzt auch das allererste Viper GTS Coupé aus dem Jahre 1996, genau jenes Auto, das alle aus dem Fernsehen kennen. Sein blauer Wagen mit einem breiten plus einem schmalen weißen Streifen, die längs über das komplette Auto laufen, eröffnete am 26. Mai 1996 als Pace Car das bedeutendste Autorennen der USA, die »Indianapolis 500«. Am Lenkrad saß der Chrysler- und Dodge-Chef persönlich. Heute streichelt Jon übers Bubble-Dach seines Traumautos wie andere über den Rücken ihres Rennpferdes. Er lächelt verzückt und weiß: Dieser Zweisitzer ist »the one and only«, einfach der beste in der Sportwagen-Königsklasse. Er wurde gebaut mit der Vision im Herzen, die rasante Fahrt um eine neue Qualität zu bereichern.

Seit 1989 schlängelt sich das Dodge-Musclecar mit bärigem V10-Zylinder-Triebwerk durch die Wunschträume der Menschen. Als Konzeptfahrzeug Dodge Viper RT/10 zur Detroit Motorshow war es erstmals zu sehen und löste ein ansteckendes Fieber aus. Mit dem Erscheinen des ersten Produktionsfahrzeugs im Jahre 1992 brach die Krankheit amerikaweit vollends durch. Die Infizierten treffen sich nun jährlich zum Gedankenaustausch, an dem diesmal sogar die Beach Boys teilnehmen. »Let the good times roll«, schleudern ihnen Passanten hinterher. Und wir sind uns für einen Moment nicht sicher: Meinen sie den Sound der erfolgreichen Rockband aus den Siebzigern oder ist der durchaus musikalische Achtliter-V10 des Viper gemeint?

Am 26. Mai 1996 eröffnete sie als Pace Car das bedeutendste Autorennen der USA, die »Indianapolis 500«. Freunde der Viper erinnern sich an den historischen Moment.

Wenn Supersportwagen zu hunderten um die Wette fauchen, bleiben Zuschauer nicht lange fern. Die Viper ist ein Traum aller Autofahrer – in Schlangenform.

TREVOR CREED

Ein geborener Brite, der amerikanische Automobilikonen erschafft? Er heißt Trevor Creed und begann sein Design-Studium im britischen Birmingham, als sich zeitgleich die Beatles anschickten, von Liverpool aus die Musikwelt zu erobern. Wie die berühmten Pilzköpfe wuchs auch sein Talent über die Inselgröße hinaus. Heute initiiert Trevor Creed in Nordamerika Automobiltrends, denkt global und agiert interkontinental. Als Chef-Ästhet der Chrysler Group ist er auch für Auftritt und Funktionalität aller Dodge Fahrzeuge verantwortlich. Trevor Creed ist in der europäischen und nordamerikanischen Automobilwelt seit Jahrzehnten zu Hause. Wie kaum ein anderer kennt er die Designpräferenzen amerikanischer, europäischer, aber auch asiatischer Automobilkunden. »Die Unterschiede sind deutlich und abhängig von kulturellen, soziologischen und volkswirtschaftlichen Gegebenheiten«, weiß Creed, »natürlich auch von den Treibstoffpreisen. Sie beeinflussen die Größe der Fahrzeuge. Weil in Europa und Asien kleinere Autos nachgefragt werden, ist das Design sehr gefordert, sie zu differenzieren. Denn kleinere Autos besitzen weniger Gestaltungsflächen als größere. In den USA tendieren wir zu mehr umbautem automobilen Raum, beispielsweise zu Geländewagen. Doch wenn wir nach amerikanischem Design suchen, bin ich mir nicht sicher, ob wir es tatsächlich finden. Wir kennen in den USA heute verschiedene markentypische Formensprachen. Ihr Wandel unterliegt der Tendenz zu mehr Dramatik im Ausdruck, zu mehr Ecken und Kanten.«

Trevor Creed ist jetzt in seinem Element! »Nehmen wir Dodge«, schlägt er vor und zieht ein Blatt Papier aus der Schublade. »Boldness! Damit meinen wir den offensiven Auftritt eines Dodge Fahrzeugs, das seinen Fahrer als kühnen und mutigen Menschen ausweist. Ein Dodge tritt selbstbewusst auf, mit einer unverwechselbaren Kühlermaske, dem typischen Dodge Fadenkreuz. Dessen Grafik darf bei der Magnum-Front durchaus anders proportioniert sein als am Charger oder Caliber. Deshalb tritt jedes Produkt eigenständig, aber mit anderen zusammengehörig auf.« Und im Vergleich zu den Konzernmarken Jeep und Chrysler? Worin unterscheidet sich deren Markensprache gegenüber Dodge?

Plötzlich wachsen Skizzen auf Trevor Creeds Schreibtischblock, und es hält ihn nicht mehr auf dem Stuhl. »Wie jedes menschliche Gesicht trägt auch eine automobile Baureihe markante Züge«, sagt er, »die sich der Betrachter spontan einprägt. Bei Jeep sind es die sieben senkrechten Kühlluftschlitze der Motorhaube, die runden Scheinwerfer, die trapezförmigen Radauschnitte und das Two-Box Design. Bei Autos der Marke Chrysler verhält es sich sogar noch raffinierter. Sie haben ein gemeinsames Chrysler-Markengesicht, das am zweisitzigen Crossfire sehr sportlich nuanciert ist und an der großen Limousine 300 C kraftvoll und streng. Weitere Design-Differenzierungen werden beispielsweise über den expressiven Formenfluss der Crossfire-Karosserie im Unterschied zu den mehr reduzierten Formen des Minivan vorgenommen.« Können Europäer diese Formensprache ohne weiteres verstehen? Müssen Dodge Automobile, wenn sie in Europa erfolgreich sein sollen, europäisch wirken, ein europäisches Design besitzen, um die hier verständliche Formensprache wiederzugeben? »Absolut nicht!«, ist Creed überzeugt. Und um dies zu verdeutlichen, holt er etwas weiter aus: »Ich amüsiere mich immer, wenn von ‚dem europäischen Design' gesprochen wird. Was ist ein europäisches Design? Wer vermag prägnate Gemeinsamkeiten der Autos aus so vielen verschiedenen europäischen Ländern formulieren? Volkswagen und andere deutsche Marken bauen Autos, die sehr anders sind als italienische, britische und schwedische. Allerdings gibt es graduelle Unterschiede in der markentypischen Prägung, die ein Produkt mehr oder weniger erfolgreich im Markt positionieren. Wir Amerikaner wagen im Autodesign generell etwas mehr als unsere Kollegen in der Alten Welt. Und die europäischen Kunden honorieren unseren Mut. Sie kaufen amerikanische Autos gerade wegen ihres ausdrucksstarken Designs. Ich bin überzeugt, dass Autos mit amerikanischem Statement ein bislang unterschätztes Potenzial bieten.«

Damit schwenkt der Designer Trevor Creed hinüber zum neuen Dodge Caliber, dessen Fahrzeugkonzept auf den ersten Blick reduziert amerikanisch wirkt. »Kompakte Fünftürer waren in Nordamerika bisher nicht sonderlich erfolgreich«, schränkt er ein, ergänzt aber unmittelbar darauf voll von uneingeschränktem Optimismus: »Allerdings sind wir bei Chrysler überzeugt, dass ihr Durchbruch unmittelbar bevor steht. Weil die heiße Liebe des amerikanischen Kunden zu den großen Geländewagen allmählich abkühlt. Amerikaner wenden sich zunehmend den neuen, kleineren Crossover-Fahrzeugen zu. Zu ihnen zählt auch der Dodge Caliber. Die Menschen erkennen, dass dieser Fahrzeugtyp alle Funktionalität bereithält, die sie bisher in ihren SUVs genutzt haben, dass er darüber hinaus aber wesentlich dynamischer gefahren werden kann. In Europa bewegt sich das Kundeninteresse weg von der klassischen Limousine. Auch hier, denke ich, drängt der Wunsch nach mehr Funktionalität ins Kundenbewusstsein. Und deshalb halte ich die Verbindung von hoher Funktionalität mit expressivem amerikanischen Design für eine anregende automobile Mixtur. Sie bietet der Dodge Caliber.«

Die kreative Gestaltung neuer Produkte unterliegt insbesondere dann einem großen Erfolgsdruck, wenn sie über deren Markteinführung hinaus die Einführung einer bisher nicht bekannten Automobilmarke stützt. Experten wissen, dass einem Automobil allein noch keine Erfolgsgeschichte gelingt. Begleitende Marketingaktionen müssen Dodge ins Gespräch bringen, das Interesse potenzieller Kunden wecken. Trevor Creed: »Dodge war in der Vergangenheit eine polarisierende Marke: Entweder sie wurde geliebt oder gehasst! Natürlich möchten wir, dass man unsere Autos liebt. Deshalb trägt der Dodge Caliber neben seinen funktionellen Vorteilen gegenüber der Konkurrenz einprägsame sympathische Züge. Ein Dodge muss sofort als Dodge erkennbar, wiedererkennbar sein und gefallen. Wir werden über den Dodge Caliber und Dodge Nitro hinaus bald weitere aufregende Konzepte zeigen. Wir arbeiten daran!«

ZURÜCK IN DIE ZUKUNFT: MOBILE VISIONEN

DIE MARKE DODGE STEHT FÜR WEGWEISENDES, MITUNTER VISIONÄRES DESIGN. DAS WAR NICHT IMMER SO – WIE DIE ENTWICKLUNGSGESCHICHTE IHRER MODELLE ZEIGT. AM BESTEN LIEST MAN SIE AUS DEN SHOWCARS, JENEN KONZEPTAUTOS, MIT DENEN DESIGNSTRATEGEN UND ENTWICKLUNGSINGENIEURE DIE IDENTITÄT IHRER MARKE AUF INTERNATIONALEN AUTOMOBILAUSSTELLUNGEN KOMMUNIZIEREN. VON EINER SPARSAMEN ZUKUNFT BIS ZUR STAHLGEWORDENEN REINEN KRAFT IST NICHT NUR ALLES DENKBAR – MAN KANN ES AUCH SEHEN.

Das Konzeptfahrzeug Dodge Deora von 1967 zeigt, wie künftig möglicherweise ein moderner Pick-up aussehen könnte.

INNEN RIESIG, AUSSEN KOMPAKT

Der Dodge Intrepid ESX2, ein Concept Car von 1998, zeigt eine für die Marke Dodge völlig neue Linienführung.

Die Identität einer Automobilmarke wird maßgeblich durch die Kreativität ihrer Designer und Entwicklungsingenieure bestimmt. Dieser Charakter ist es, an dem sich die Kunden bei ihrer Kaufentscheidung orientieren. Daher ist eine Automobilmarke bemüht, seine Kreativität möglichst eindrucksvoll zu zeigen, speziell auf Automobilausstellungen. Das Dodge-Mutterunternehmen DaimlerChrysler nutzt seinen Auftritt zur jährlich stattfindenden North American International Auto Show (NAIAS) in Detroit regelmäßig für die Vorstellung neuer Ideen. Zu so genannten Showcars verdichtet, weisen dort immer wieder Neuheiten der Marke Dodge auf Pläne und Visionen hin, die dem Kunden zeigen: In diese Richtung entwickelt sich Dodge. Dabei kommt der Dodge zugute, dass Chrysler seit Anfang der neunziger Jahre die Automobildesign-Führerschaft im Kreise seiner nordamerikanischen Konkurrenz innehat. Die Marke Dodge steht seither für wegweisendes, mitunter visonäres Design.

Das war nicht immer so, im Gegenteil: Als die Stromlinien-Formgebung Anfang der dreißiger Jahre den automobilen Fortschritt markiert, bleibt die Marke bewusst konservativ und erntet mit dieser Zurückhaltung großen Erfolg. Die Airflow- und Airstream-Modelle der Schwestermarken Chrysler und DeSoto sind ihrer Zeit voraus. Doch die Kunden honorieren den vermeintlichen Fortschritt nicht, viele wechseln zu Marken mit stabilen Werten, auch zu Dodge. Der Dodge der DL-Serie von 1932 gilt als erfolgreiches Beispiel der konservativen Politik. Er führt das noch heute benutzte Widdersymbol der Marke als Kühlerfigur ein. Der Entwurf geht auf Professor Avard Fairbanks von der University of Michigan zurück. Und noch heute ziert der Widderkopf jedes Fahrzeug der Marke Dodge. Wenngleich nicht mehr als Skulptur, sondern als Emblem aus Kunststoff. Designfortschritte pflegt Dodge in jenen Jahren nur in kleinen Schritten, etwa durch die Integration der Scheinwerfer in die Kotflügel. Auch der 1937 erstmals gezeigte Dodge D5 Touring Sedan zeigt zwar den Zeichen der Zeit folgende, weichere Formen, bleibt in seiner Grundform aber konservativ.

> *ALS DIE STROMLINIEN-FORMGEBUNG ANFANG DER DREISSIGER JAHRE DEN AUTOMOBILEN FORTSCHRITT MARKIERT, BLEIBT DIE MARKE KONSERVATIV UND ERNTET MIT IHRER ZURÜCKHALTUNG GROSSEN ERFOLG.*

Erst nach dem Zweiten Weltkrieg werden die Fortschritte von einer zur nächsten Modellgeneration mutiger. Im Dodge-Design sind zeitgeistige Kundenansprüche sichtbar, die ein Werbeslogan Anfang 1949 mit »Innen höher – außen niedriger. Innen breiter – außen schmaler« thematisiert.

Anfang der fünfziger Jahre legt der Star-Designer Virgil Exner den Grundstein für das sportliche Image der Marke Dodge. Es verfestigt sich in den folgenden Jahrzehnten bis zum heutigen Tag. Exner wird von Chrysler-Chef K. T. Keller engagiert, um das erste Advanced Design Studio im Konzern aufzubauen, das unabhängig von anderen Designabteilungen bleibt, denen Chefdesigner Henry King vorsteht, der Produktionsfahrzeuge entwerfen lässt. Exner erhält den Auftrag, eine ganze Reihe von automobilen Ideen zu entwickeln und sie in Konzeptfahrzeuge münden zu lassen, um Alternativen zum schwerfälligen Drei-Box-Design dieser Jahre aufzuzeigen. Diese Autos, von Exner entworfen und bei Ghia in Italien aufgebaut, bleiben Einzelstücke und gelten heute als Automobillegenden, weil sie ihrer Zeit weit voraus sind.

Exner entwirft für Chrysler auch den zukunftsweisenden »Forward Look«, erstmals für 1953 gezeigte Dodge-Modelle. Charakteristisch daran sind die nach vorn geneigten C-Säulen, womit den Autos bereits im Stand jene Dynamik verliehen wird, die sie in Fahrt tatsächlich liefern. Beispielsweise auf dem Bonneville Salzsee in Utah, wo Dodge-Serienfahrzeuge allein im Jahre 1954 stolze 196 Geschwindigkeitsrekorde einfuhren.

Exners dynamisches Design indes bleibt keine Show. Mit der Einführung des bis auf den heutigen Tag berühmtesten Verbrennungsmotors der Welt fahren seine Autos tatsächlich so schnell wie sie im Stand versprechen. Im Dodge Diplomat von 1955 entwickelt der erste V8-Hemi-Motor, als »Dodge Red Ram Eight« bezeichnet, satte 140 PS bei 4400 Umdrehungen pro Minute. Dabei weist die Kurzform »Hemi« auf die hemisphärischen (halbkugelförmigen) Brennräume hin, die angeblich das Geheimnis der gewaltigen Kraftentfaltung bergen. In Verbindung mit der gewichtsoptimierten Coupé-Karosserie des Diplomat entpuppt sich dieser Hochleistungs-Dodge in den Händen von Rennfahrern als 165,2 km/h schnelles Rekordfahrzeug. Überraschenderweise gewinnt das gleiche Fahrzeug im selben Jahr auch die Sparsamkeitsfahrt der Mobilgas und widerlegt das Vorurteil vom durstigen Hemi-Triebwerk.

Wie unmittelbar ansprechendes Design die Verkaufszahlen einer Marke beeinflusst, erlebt Dodge im Jahre 1955. Neue Modelle mit breiteren, flacheren und längeren Karosserien werden gezeigt, auch neue Hardtops sowie dreifach lackierte Karosserien mit zahlreichen Chrom-Verzierungen. Sie wirken prächtiger als die Vorgängermodelle und bleiben dennoch eindeutig als Dodge zu erkennen. Die Werbung spricht vom »The 100 Million Dollar Look« und nimmt damit Bezug auf die Kosten für neue Werkzeuge, die nötig wurden, um die völlig neue gestalteten Autos zu bauen. Und die Verkaufszahlen springen um 160 Prozent auf 276.936 Einheiten hoch.

»Eine wahrhaftige Bombe« sei der D-500 von 1956, schwärmen Werbeplakate im selben Jahr und meinen das erste Dodge Muscle Car, das wahlweise als zweitüriges Custom Royal Coupé ohne B-Säulen, Custom Royal Cabriolet und zweitüriges Coronet Hardtop auftritt. Insgesamt nur 100 Einheiten seien jemals gebaut, vermuten Chronisten. Doch könnte ihr Einfluss aufs Dodge Markenimage nicht größer sein, als es eine Million Exemplare vermocht hätten. Denn das Erfolgsrezept des Autos entspringt einer clever verpackten Marketing-Idee. Der Dodge D-500 wird von einem 276 PS starken V8-Hemi-Aggregat befeuert und ist – mit Leichtbau-Rennfahrwerk ausgestattet – ein veritables Wettbewerbsfahrzeug. Es gewinnt zahlreiche Wettbewerbe und Rekordfahrten. Äußerlich allerdings unterscheidet er sich nur durch das abgesenkte Heck von entsprechenden Dodge Großserienmodellen, die mit 230 PS Motorleistung auskommen müssen. Der Kunde dieser Alltagsautos tritt im Outfit eines Champions auf, bewegt aber tatsächlich das wesentlich preiswertere Großserienmodell.

Anfang 1960 sind es die selbsttragenden Karosserien, die Dodge in der Begehrlichkeitsskala nach oben tragen und zunehmend kräftiger motorisierte Modelle. Mit dem viertürigen Dodge Phoenix ohne C-Säulen gibt die Marke im selben Jahr einen Vorgeschmack auf die nachfolgende

Zwar wurde Anfang der fünfziger Jahre mit solch puristischen Konzepten experimentiert, doch der Zeitgeist verlangte schließlich andere Serienfahrzeuge mit üppigen Karosserien und lauter Formensprache

fire arrow

Dodge Dart Serie, auf Autos, die als klein empfunden werden, tatsächlich aber noch immer mehr als fünf Meter Karosserielänge besitzen. Gewölbte Front- und Heckscheiben, eine unendlich lange Motorhaube und ein nicht endendes Heck mit üppigen Finnen und Torpedo-Rückleuchten sind prägende Designmerkmale dieses eleganten Automobils aus der Zeit der Heckflossen-Ära.

Besondere Aufmerksamkeit erregt 1961 der aus Exners Feder stammende und bei Ghia aufgebaute Dodge Flite Wing. Die fahrbereite Studie erschreckt mit riesigem Kühlergrill, der in Haifischmanier von rückversetzten (Doppel-)Scheinwerfern eskortiert wird. Außerdem verfügt der Zweitürer über selbsttätig öffnende Fenster. Sie sind im Dach angeschlagen und schwingen beim ersten Zug am Türgriff nach oben. Werden die Türen geschlossen, schließen die Glasfenster hernach automatisch.

Der Trend zu noch mehr Kraft führt in den sechziger Jahren zur Blüte der Muscle Cars, die mit der Ölkrise 1973 ein jähes Ende nimmt. Bereits ein Jahr später sind die so genannten Full Size Autos zu Ladenhütern verkommen. Auch das Ende des Ölembargos durch die OPEC zum 1. März 1974 kann daran nichts ändern. Die Marke verliert Kunden und durch die Orientierungslosigkeit der Führungskräfte auch ihre Identität. Zwar gelingt es Dodge, in Marktsegmente für kleinere Autos vorzustoßen. Doch die Fahrzeuge dafür wachsen nicht auf eigener Kreativität, sondern in den Werken der neuen Kooperationspartner Mitsubishi und Simca.

DER TREND ZU MEHR KRAFT FÜHRT IN DEN SECHZIGER JAHREN ZUR BLÜTE DER MUSCLE CARS. DOCH BEREITS EIN JAHR SPÄTER SIND DIE FULL SIZE CARS ZU LADENHÜTERN VERKOMMEN.

Finanziell profitiert die Marke von dem als Dodge Colt in Japan für den US-Markt hergestellten Mitsubishi und dem in Nordamerika als Dodge Omni gefertigten Simca Horizon erst nach 1979, dem Jahr der zweiten Ölkrise. Der erste Frontriebler mit Heckklappe aus amerikanischer (Lizenz-)Produktion wird 1980 mit 138.000 verkauften Einheiten zum meistverkauften Dodge. Dem im November 1978 von Ford zu Chrysler gewechselten Lee A. Iacocca verdankt die Marke den Einstieg in die Ära der so genannten K-Cars. Sie sind die ersten Großserienautos auf gemeinsamen, nur leicht modifizierten Plattformen. Mit Dodge legte Iacocca den Grundstein für die Plattformstrategie, die später von vielen Marken übernommen wird und einen Siegeszug um die Welt antritt.

Und noch ein Erfolgskonzept debütiert unter dem Markenlabel Dodge, das später von anderen Marken aufgegriffen, neu abgeschmeckt und sehr erfolgreich in den Markt geschickt wird, der Minivan Dodge Caravan aus dem Jahre 1983. Baugleich mit dem Plymouth Voyager ist der neue Caravan das erste kompakte Familien-Automobil auf Personenwagenbasis. Der Minivan ist geboren.

Im Jahre 1988 gibt Chrysler mit dem Konzeptfahrzeug Dodge Intreprid seine Rückkehr in den Sportwagenmarkt bekannt. Ein Jahr später fährt dessen Serienversion als Dodge Stealth zu den Händlern. Mit V6-Motor leistet der Zweitürer zwischen 164 und 300 PS. Sein Design, so wird erklärt, folge dem europäischen Geschmack. Doch der Stealth bleibt ein Gemeinschaftprojekt mit Mitsubishi und zeugt von der Unsicherheit der Marke gegenüber eigenen Stärken. Dodge traut sich einen völlig eigenständigen Sportwagen in diesem Segment noch nicht zu.

Das soll sich erst zum fünfundsiebzigsten Geburtstag der Marke Dodge ändern. Im Jahre 1989 feiert ein Konzeptfahrzeug Premiere, das das Zeug dazu hat, die Marke Dodge wieder in eigene Sportkleidung zu stecken. Sportwagen-Liebhaber aus aller Welt halten den Atem an, als die Dodge Viper erstmals zur Motorshow 1989 in Detroit zu sehen ist. Nicht nur wegen ihres 400 PS starken Triebwerks fällt sie völlig aus der Rolle. Allein ihre Erscheinung erzeugt bei Sportwagen-Liebhabern aus aller Welt Gänsehaut. Als sie 1992 in erste Kundenhände gelangt, entpuppt sie sich als wahrhaftiges automobiles Tier mit eruptiven Kraftausbrüchen und schwer beherrschbaren Launen im fahrdynamischen Grenzbereich. Angetrieben wird sie weder von einem Sechs- noch von einem Achtzylindermotor, sondern vom 8,0-l-V10-Triebwerk aus leichtem Aluminium mit gewaltigen 610 Nm Drehmoment.

Die Dodge Viper schreibt die Ahnenreihe erfolgreicher amerikanischer Sportwagenikonen fort und wird in einem Atemzug mit der Shelby Cobra Daytona und den Cunnigham Coupés der fünfziger Jahre genannt. Und die Kunden verstehen das grundsätzlich sehr einfache Konzept: Der schnellste, aufregendste und kompromisslo-seste amerikanische Sportwagen kommt von Dodge. Noch während der ersten Messetage von Detroit zeichnen so viele Kunden Vorverträge, dass die Produktion über Jahre hinweg gesichert ist. Die Entscheidung für die Serienfertigung fällt 1990, und schon ein Jahr später führt ein Vorserienfahrzeug das Starterfeld der Indy 500 als Pace Car an. In Kundenhand geraten die ersten Dodge Viper im Jahr 1992.

Vier Jahre später erhält die Dodge Viper RT/10 ein Schwestermodell zur Seite gestellt, das wiederum Wogen der Begeisterung auslöst. Es ist das zweisitzige Coupé Viper GTS mit weit hinten vor der Antriebsachse postierter Passagierkanzel und »Twin-Bubble«-Dach. Angetrieben wird er vom V10-Aluminium-Triebwerk aus dem Roadster. Es leitet 411 PS und ist mit einer Borg-Warner-Sechsgang-Handschaltung gekoppelt. Das überragende Drehmoment des 1540 Kilo leichten Viper GTS beträgt 630 Nm bei 3600 U/min. So beschleunigt der Sportler von null auf 100 km/h in 4,6 Sekunden und erreicht seine Höchstgeschwindigkeit bei 285 km/h.

Für die funktionelle Gestaltung des Interieurs verfolgen die Ingenieure ebenfalls konsequenten Leichtbau, allerdings ohne auf eine reichhaltige Komfortausstattung zu verzichten. So gehören neben einer Klimaanlage auch ein hochwertiges Soundsystem zum Serienumfang. Um das Hochleistungs-Coupé Viper GTS seinem Piloten optimal anpassen zu können, ist ein sehr ausgefallenes Detail automobiler Komfortausstattung vorgesehen: die individuell anzupassende Pedalerie. Ganz bewusst wird der Dodge Viper GTS als alternatives Sportwagenkonzept zur europäischen Konkurrenz positioniert.

Infolge des einhergehenden Imagewandels der Chrysler Corporation, den die Dodge Viper maßgeblich anschiebt, wird Anfang der neunziger Jahre ein neuer Typ Limousine mit weit nach vorn in die Motorhaube hineinweisender Windschutzscheibe vorgestellt. »Cab Forward«-Design

OFFENES DACH, ABER AUF NUMMER SICHER

Die siebziger Jahre werden von neuem Sicherheitsdenken geprägt. Das Targadach für Cabriolets wird entdeckt – und der Überrollschutz. Hier ein Dodge »Yellow Jacket« von 1970.

Unter italienischem Einfluss entstand der Dodge Firearrow Sport Anfang der fünfziger Jahre bei Ghia in Turin in Handarbeit.

nennt Chrysler diese Stilrichtung und verspricht ein völlig neuartiges Raumempfinden im ebenfalls weit nach vorn reichenden Fahrgastraum. In den frühen Neunzigern bekommt auch Dodge seine erste Limousine im Cab Forward Design, den Dodge LH. Ein Jahr später wird das Cab Forward Design ins C-Segment übertragen. Der Dodge Neon mit Vierzylindermotor erscheint und wird im nordamerikanischen Markt gegen die japanische Konkurrenz im Kompaktwagen-Segment positioniert.

Dass Autos mit fortschrittlichen Antriebskonzepten nicht in hässlichen Boxen wohnen müssen, wird Anfang des Jahres 1996 auf der Detroit Motorshow mit dem Dodge Intrepid ESX sichtbar. Damit stellt der drittgrößte amerikanische Automobilhersteller bereits das zweite Fahrzeug innerhalb von zwei Jahren auf die Räder, das einen Hybridantrieb für den sparsamen Umgang mit Treibstoff besitzt.

Wie die Limousine Dodge Intrepid ESX im S-Klasse-Format fährt, konnten Journalisten in der Karosserie in der Farbe Chili Pepper Red erleben. Deren Merkmale bestehen in der sehr weit im Vorderwagen ansetzenden Windschutzscheibe, die in einem kühnen Schwung das flache Dach aufspannt. Diese Linie läuft über dem Kofferraum elegant aus. Das Cab-Forward-Design gilt auch hier als Schnittmuster und ist charakterisiert durch den weit vorn beginnenden Fahrgastraum. Er soll den Insassen ein großzügiges Interieur bieten und die dynamische Ausstrahlung der Fahrzeuge betonen.

DEM SELBSTVERSTÄNDNIS FOLGEND, NACH DEM ZU EINEM RICHTIGEN MANN AUCH EIN RICHTIGER PICK-UP GEHÖRE, MARKIERT IM JAHR 1999 DER PRITSCHENWAGEN DODGE RAM DIE VORLÄUFIGE SPITZE.

Da die Dodge-Muttergesellschaft Chrysler sich seit ihrer strukturellen Runderneuerung zu Anfang der neunziger Jahre nicht nur als Design-Leader der amerikanischen Automobilindustrie versteht, sondern gleichfalls auch als Wegbereiter für neue Antriebstechnologien, steckt unter dem futuristischen Kleid hochkarätig innovative Technik.

Zunächst einmal ein deutlich vernehmbares, für amerikanische Verhältnisse aber winziges Motörchen. Es sitzt dort, wo man das Gepäckabteil vermutet, im Heck, und nagelt munter vor sich hin. Unverkennbar, ein Dieselaggregat. Allerdings ein selten kompaktes. Ein Dreizylinder-Turbodieselmotor, der aus 1,8 Liter Hubraum bei 3600 U/min 55 kW/75 PS schöpft. Wie seine Leistung ausreichen kann, um den 4,95 Meter langen, 1,93 Meter breiten und 1,34 Meter hohen Fünfsitzer verkehrsgerecht zu bewegen, erklärt die Probefahrt.

Man sitzt bequem zwischen 2,87 Meter Radstand, hat die beiden Außenkameras justiert, die dort wohnen, wo gewöhnlich Rückspiegel sitzen und blickt auf Monitore zu beiden Seiten des Instrumententrägers. Mit Drehung des Zündschlüssels stutzt man erneut, denn nichts passiert. Erst der Gasfuß startet den kleinen Dieselmotor, und der große Amerikaner tritt mit hartem Verbrennungsgeräusch aus dem Motorabteil unverzüglich an. Doch es ist keineswegs der Verbrennungsmotor, der die Antriebswelle so energisch dreht, um die 20-Zoll-Räder im Heck anzutreiben, sondern es sind zwei nahezu lautlos arbeitende Radnabenmotoren. Sie stammen von der britischen Firma Zytek, die auch Motoren für den Rennsport entwickelt, und leisten zusammen maximal 155 kW/211 PS, wiegen aber nur rund 25 Kilo.

Ein Gleichstrom-Generator liefert die Energie. Sie ist ausreichend für eine konstante Reisegeschwindigkeit. Beschleunigungsvorgänge werden beim Dodge Intrepid ESX darüber hinaus von einem völlig neu entwickelten 300-Volt-Bleibatteriensatz unterstützt. Ein computergesteuertes Regelwerk sorgt für die optimale Verteilung der von Turbodieselmotor und Generator bereitgestellten Energie. Sie fließt entweder in vollem Umfang an die Zytek-Motoren oder teilweise in den Batterie-Puffer. Darüber hinaus gewinnen die E-Motoren Strom aus Bremsenergie, der auch die Batterien speist.

Beim ersten Fahreindruck überrascht, wie spontan die Limousine am Gas hängt, und dass beim Beschleunigen beachtliche Leistungsreserven aktiviert werden. Die Lastwechsel erfolgen harmonisch, und die elektrische Servolenkung arbeitet erfreulich direkt. Der amerikanische Mutterkonzern ist überzeugt, dass sich Autos mit aufwändiger und gewichtstreibender Technik eine leichte Aluminium-Karosserie leisten müssen, um verbrauchs- und emissionsgünstig unterwegs sein zu können. Insbesondere gilt dieses Ziel für Elektro- und Hybridautos mit gewichtigem Batteriespeicher.

Das ESX-Konzept besitzt große Chancen, einmal in Serie gehen zu können. Das aufwändige Fahrwerk umfasst vier Scheibenbremsen, elektrische Servolenkung und mächtige Alu-Räder im Format 7,5 x 19″ vorn und 7,5 x 20″ hinten sowie P235/45 R 19 Reifen vorn und P235/50 R 20 hinten. Das 1270 Kilo Leichtgewicht Dodge ESX ist nur durch seine Voll-Aluminium-Karosserie denkbar. Die Reichweite des Viertürers beträgt etwa 500 Kilometer. Schon früh haben Dodge-Techniker geahnt, dass die Zeit unmittelbar bevorsteht, dem amerikanischen Publikum ein Diesel-Elektro-Hybridfahrzeug anzubieten, das Fahrspaß und Umweltverträglichkeit in vorher nicht denkbarem Einvernehmen miteinander verbindet.

Fürs Spielzimmer der US-Boys im reifen Mannesalter erfreuen sich in Nordamerika Pick-ups auf Basis so genannter Full-Size-Trucks traditionell besonderer Beliebtheit. Dem männlichen Selbstverständnis folgend, nach dem zu einem richtigen Mann auch ein richtiger Pick-up gehöre, markiert im Jahre 1999 das 610 Newtonmeter mächtige 8,0-l-V10-Triebwerk aus der Viper RT/10 im Pritschenwagen Dodge Ram nur die vorläufige Spitze »gesellschaftlich korrekter« Motorisierung, so genannter amerikanischer Pick-up-Trucks. Vorläufig deshalb, weil die Marke Dodge im Jahre 1999 zeigt, dass der Auftritt im Segment automobiler Giganten noch imposanter sein kann. Hier dargestellt im Dodge Power Wagon mit 1058 Nm starkem Triebwerk.

Zur Vorgeschichte: In Gegenwart von Robert Eatons einstigem Weggefährten Bob Lutz sei Chrysler-Vordenker Trevor Creed angesichts des VW New Beetle im Jahre 1994 der Geistesblitz gekommen: In einem wahren Über-Pick-up ließe sich vortrefflich auf den Stand der hauseigenen Dieseltechnologie hinweisen. Das war die Geburtsstunde des Dodge Power Wagon, der es mit jedem Fünftonner des europäischen Baugewerbes aufnehmen kann. Creed weist darauf hin, daß die Seilwinde des 1,96 Meter hohen Zweisitzers auf 35-Zoll-Rädern leicht einen »18-Räder-Sattelzug aus dem Graben ziehen« könne.

Das Design des Power Wagon zitiert die Tradition seiner Vorgänger aus den sechziger Jahren. Unter der Karosserie arbeitet Hightech, durch schräge Schlitze in der Motorraumwand auch von außen sichtbar gemacht. Und während die Fahrgastzelle mit granitfarbener Lederausstattung und Eschenholz-Boden sowie liebevoll gestalteten Details verwöhnt, spiegeln die Beplankung der Ladefläche und die elektrisch öffnende Heckklappe das gehobene Ambiente auch im Arbeitsbereich wider.

Doch die wahre Innovation nagelt als Reihen-Sechszylinder-Dieselmotor mit 7,2 Liter Hubraum, Direkteinspritzung und Turbolader vorn. Wenngleich dieses Aggregat im Konzept-Stadium noch ohne Common Rail-System auskommt, sind für seine Weiterentwicklung alle innovativen Steuer- und Abgasreinigungssysteme gegenwärtiger Dieseltechnik vorgesehen. Schon 1999 einsatzfähig ist auch der künstlich aus Erdgas hergestellte Dieseltreibstoff für diesen Motor. Er wurde von der nordamerikanischen Syntroleum Corporation entwickelt und enthält keinerlei Schwefel. Außerdem ist ein NOx-Reaktor im Kat vorgesehen, der Stickoxide im Abgas durch Hochspannung um etwa 70 Prozent reduziert. Dazu schickt man elektrischen Strom durch den Katalysator, der die NOx-Moleküle im Abgas zunächst in ein heißes Plasma aus aufgeladenen Teilchen verwandelt, um am Ende des Prozesses schließlich in Stickstoff und Wasser zu zerfallen.

In der Fahrpraxis spürt man von der komplizierten Technik nichts. Der Power Wagon wiegt sich im Rhythmus der arbeitenden Kurbelwelle um die Fahrzeuglängsachse und stürzt bei Druck aufs Gaspedal nach vorn. Eine Fünfstufenautomatik garantiert den optimalen Kraftfluss zur Hinterachse, eine Servolenkung erlaubt das präzise Führen der mehr als drei Tonnen schweren Power Wagon durch Kurven.

DER CHARGER R/T VERSUCHT, DIE MUSCLE-CAR-TRADITION DER MARKE DODGE MIT NEUEM LEBEN ZU ERFÜLLEN, DIE VOR RUND DREISSIG JAHREN EINE FASZINIERENDE KULTUR PRÄGTE.

Auf den ersten Blick wie ein zweisitziger Sportwagen kommt 1999 der Dodge Charger R/T mit weit nach hinten versetztem Fahrgastraum daher. Erst bei näherem Hinsehen sind auch zwei Türen zum Fond erkennbar, denn Designdirektor Neil Walling weiß: »Autofahrer von heute – vor allem die unter 30-Jährigen – sind mit den Annehmlichkeiten viertüriger Karosserien groß geworden. Sie möchten darauf nicht mehr verzichten.« Mit dem Charger R/T versucht Walling die »Muscle Car«-Tradition der Marke Dodge mit neuem Leben zu erfüllen, die vor rund dreißig Jahren mit dem »R/T«-Logo (»R/T« = »Road and Track«) eine faszinierende Kultur prägte. Die lange Motorhaube, muskulöse Flanken, atmungsaktive Luftauslässe, riesige 20-Zoll-Räder und ein kraftvoller Heckabschluss mit verchromtem Doppelauspuff in der Mitte visualisieren Kraft und Schnelligkeit. Bereitgestellt wird sie vom 4,7-l-V8-Aggregat aus dem Grand Cherokee, während Fahrwerk und Bremsanlage mit Vierkolbensättel vorn und Zweikolbensättel hinten aus der Viper stammen.

Und während das Design des Charger R/T dem Motto »Zurück in die Zukunft« gehorcht, folgt das Antriebskonzept dem Statement für eine kontinuierlich verbesserte Luftqualität. Denn das V8-Triebwerk des Charger R/T wird mithilfe eines Kompressors aus verdichtetem Erdgas gespeist, dem gegenwärtig emissionsärmsten Antrieb mit fossilem Brennstoff. Um den Aktionsradius des Fahrzeugs sogar auf über 500 Kilometer auszulegen, wurde ihm ein neuartiger, nur 47 Liter fassender, flachbauender Erdgastank implantiert, der nicht mehr Raum beansprucht als ein gewöhnlicher Benzintank. Er besteht aus hochfestem und gasdichtem, dennoch aber leichtgewichtigem Polyurethan, umgeben von einem Kohle-Glasfaser-Epoxidharz-Mantel.

Mit diesen innovativen Concept Cars, die durchweg vor dem Zusammenschluss von Chrysler mit Daimler-Benz entstanden, schreiben die Vordenker aus Nordamerika ihre bestehende Designstrategie fest. Mit den zukunftsorientierten Antriebssystemen wird ein Spektrum praxisnaher Möglichkeiten aufgezeigt, um bei der Sicherung individueller Mobilität den Fahrspaß des Automobils nach amerikanischer Wertvorstellung nicht zu opfern.

Der Chrysler ESX3 des Jahres 2000 setzt fort, was mit Dodge Intrepid ESX und ESX2 begonnen wurde: eine supersparsame Limousine zu entwickeln, ein Dreiliterauto auf Amerikanisch. Natürlich mit dramatischem Design. Die Studienobjekte indes dienen nicht nur der Maximierung ökologischer Verträglichkeit, sondern insbesondere auch der Senkung der Produktionskosten. Sparsame Autos bedürfen grundsätzlich einer aufwändigeren Technik, die Mehrkosten verursacht. Allein im Vergleich zum Vorgänger ESX2 wird für den ESX3 eine Halbierung seiner Mehrkosten gegenüber einer konventionellen Mittelklasse-Limousine errechnet. Die des ESX von 1996 betragen laut Thomas Moore, dem Verantwortlichen der DaimlerChrysler-Forschungsgruppe für Leichtbau-Pkw mit alternativen Antrieben in den USA, rund 60.000 Dollar und für den ESX2 immerhin noch 15.000 Dollar, während der ESX3, wenn er in Serie ginge, nur noch 7500 Dollar mehr koste. Wohlgemerkt: bei einem jährlichen Produktionsausstoß von 100.000 Fahrzeugen.

Die größten Einsparungen sind auf die technische Weiterentwicklung der Thermoplast-Spritzgusstechnik zur Herstellung der ESX3-Karosserie zurückzuführen. Weil die Karosserie aus nur zwölf leichten und durchgefärbten Kunststoffteilen besteht (verglichen mit rund 100 Metallteilen bei der konventionellen Bauweise). So kann die teure Lackieranlage komplett eingespart werden.

Fürs Öffnen der leichtgewichtigen Seitentür braucht man nur zwei Finger. Auf bequemen, ebenfalls sehr leichten Sitzen (die gesamte Anlage vorn und hinten für fünf Passagiere wiegt zusammen nur 30 Kilo) nimmt man in einem geräumigen Cockpit Platz, justiert Polster, Mittelkonsole und ein Kamerasystem, das die Außenspiegel ersetzt, startet die Klimatisierung des Fahrgastraums und die Ventilation der Sitze. Per Knopfdruck legt die automatisierte Sechsgangschaltung die erste Stufe ein, und mit beherztem Druck aufs Gaspedal zieht der Chrysler ESX3 erstaunlich spontan an. Verantwortlich dafür zeichnet sich ein 1,5-l-Dreizylinder-Dieselmotor mit Common Rail Direkteinspritzung und 55 kW/74 PS Leistung bei 4000 U/min. Ein 15 kW/20 PS starker Elektromotor unterstützt ihn während der Beschleunigungsphase. Das E-Werk schöpft seine Energie aus einem Lithium-Ionen-Batterieblock zwischen Kofferraum und Fondsitzen, der einschließlich Kühlaggregat nur etwa 50 Kilo wiegt. Aufgeladen werden die Speicher durch Bremsenergie und Einspeisung des Verbrennungsmotors beim Fahren im Teillastbereich.

LANG, FLACH UND ZUM RENN-SPORTLER GESCHMINKT

Hardtop-Sportwagen mit Überrollbügel versprachen 1968 höheren Insassenschutz als Faltdachversionen, sogar wenn die Windschutzscheibe ultraflach sein musste.

KAHUNA

Das Konzeptfahrzeug Kahuna von 2003 zeigt, wie ein kompakter Dodge Minivan mit sechs Sitzplätzen aussehen könnte.

Das elektromechanische Sechsganggetriebe schaltet automatisch und ohne nennenswerte Zugkraftunterbrechung. Die überraschend direkte Lenkung wird elektrisch unterstützt. Beim Beschleunigen aus dem Stand auf 100 km/h in weniger als elf Sekunden dreht das Dieselaggregat willig hoch, die Gaswechsel erfolgen spontan. Der Verbrauch liegt bei nur 3,3 l synthetischen Dieselkraftstoffs pro 100 km. Der rußt nicht mehr, kostet aber kaum weniger als Kentucky Bourbon Whiskey.

Da amerikanische Autofahrer ihre Light Trucks über alles lieben, wird 2001 ein Geländewagen vorgestellt, der neben seinen gewaltigen Ausmaßen insbesondere durch Energiespartechnik überzeugt. Es ist der Dodge Powerbox. Nur 9 l/100 km komprimiertes Erdgas benötige der 493 cm lange, 196 cm breite und 187 cm hohe Wagen, hieß es damals. Sein aufgeladener V6-Motor mit 250 PS wird unter Volllast von einem Elektromotor mit 70 PS unterstützt, der ausschließlich die Vorderräder antreibt. Gespeist wird der E-Motor von Verzögerungsenergie (Schub, Bremsen). Mit leichter Spritzguss-Kunststoffkarosserie und praktischen Details, wie Schwenk-Schiebetüre im Fond, legt der geräumige Achtsitzer etwa 560 Kilometer ohne Tankstop zurück. Dabei emittiert er so gut wie keine Schadstoffe.

»Der Passagier ist König«, steht über dem Lastenheft des Konzeptfahrzeugs Dodge Super 8 Hemi von 2001, das amerikanischer nicht sein könnte. Mit selbstsicherem Auftritt, einzigartigem Komfort und überlegener Antriebskraft drückt dieser Viertürer aus, was Amerikaner früher wie heute für entspanntes Reisen schätzen. Sein Radstand von 289 cm ermöglicht ein selten großzügiges Interieur, dessen Fond mit erhöhter Sitzbank über zwei Türen zugänglich ist, die an den C-Säulen angeschlagen sind. Wichtigste Botschaft aber ist sein 5,7-l-V8-Stoßstangen-Triebwerk mit halbkugelförmigen (hemisphärischen) Brennräumen. Es stellt bis zu 353 PS bereit, beschleunigt bis annähernd 250 km/h und ist Vorbote einer völlig neuen Motorengeneration für diverse Personenwagen der amerikanischen Chrysler Group. Das HEMI-Prinzip geht auf Aggregate aus der Muscle-Car-Ära zurück.

> DER DODGE TOMAHAWK ÜBERBIETET ALLE BISHERIGEN VERSUCHE, DIE EMOTIONALE MOBILITÄT ZU EMOTIONALISIEREN. KEIN AUTO, KEIN MOTORRAD, SONDERN EIN MOTOR AUF RÄDERN – EINE MECHANISCHE SKULPTUR.

Den Zeichen der Zeit entsprechend beschäftigen sich die Zukunftsplaner der Chrysler Group immer wieder auch mit kleineren Fahrzeugen, die über die Grenzen Nordamerikas hinaus konkurrenzfähig sein könnten. Im Jahre 2002 ist es der 3,75 Meter kurze Roadster Dodge Razor. Er würde die Marktnische zwischen Mazda MX-5 und Lotus Elise füllen. Der von Akino Tsuchiya als »rasierklingenscharf« umschriebene Zweisitzer kommt ohne hochgerüstete i-Technik und sogar ohne Radio aus. Puristisch für den Spaß am Fahren ausgelegt sei sein Entwurf, kommentiert die japanische Designerin in Diensten des kalifornischen Chrysler-Designstudios »Pacifica«. Um das Preisziel von 14.500 Dollar zu erreichen, dürfen die Achsen ebenso aus dem Konzernregal stammen wie das Sechsganggetriebe und der 250 PS starke 2,4-l-Vierzylindermotor mit Turbolader und Intercooler.

Auch der Pick-up als Symbol amerikanischer Aufbruchstimmung kann klein, leicht und handlich sein, meint Jeff Gale. Folglich karossiert der Chrysler-Designer den nach amerikanischer Vorstellung kurzen Pritschen-Zweisitzer Dodge M 80 (4,23 Meter lang) auf der Basis eines geschrumpften Dodge Dakota. Stilistisch dem mächtigen Power Wagon von 1948 ähnlich, stützt sich die gesamte Antriebstechnik einschließlich Allradantrieb und 3,7-l-V6-Aggregat auf aktuelle Großserientechnik. Der M 80 solle nicht einmal 15.000 Dollar kosten und sei für Städter gedacht, die gern Sportgeräte herumfahren.

Im Jahre 2003 überbietet ein Konzeptfahrzeug alle bisherigen Versuche, die Mobilität zu emotionalisieren. Auf den Chrysler-Stand fährt ein mit 21-Zoll-Rädern bereiftes 8,2-l-V10-Triebwerk. Kein Auto, kein Motorrad, sondern ein Motor auf Rädern. Er stammt aus dem Vollblut-Sportwagen Dodge Viper, hängt zwischen zwei Zwillingsrädern und trägt einen Motorradlenker sowie den obenauf liegenden Fahrer. Das Monster fasziniert durch sichtbare, wie aus dem Vollen gefräste Technik! Es brüllt infernalisch aus einem kubischen Endrohr zwischen den beiden Hinterrädern und stiehlt allen anderen Neuheiten die Show. Gedacht sei es als »mechanische Skulptur«, erklärt Chrysler Chefdesigner Trevor Creed.

Der anfänglichen Ratlosigkeit weicht Begeisterung, als man das Dodge Tomahawk getaufte Etwas unter freiem Himmel selbst zwischen die Schenkel nimmt. Nachdem der 38-jährige Chrysler-Designer Mark Walters den 525 PS mächtigen V10 zum Leben erweckt, trennt der Zug am alugeschmiedeten Kupplungspedal die Memmen von den Kerlen! Unter Schmerzen krümmen sich die Finger der linken Hand, und wenn der erste Gang reingekickt ist, weiß man: Jetzt gibt es kein Zurück! Das 680-Kilo-Monster brüllt auf, die Kupplung schließt und es geht geradeaus. Glücklicherweise nur geradeaus!

Denn schon jetzt hält die Dokumentation schöpferischen Designs den Technikbegeisterten in Atem: Am selbsttragenden Motor sind vorn über Längslenker Achsschenkel angeflanscht. Sie tragen die Vorderräder. Hinten gehen vom Motor Einarm-Schwingen zu den über Kette angetriebenen Hinterrädern. Jedes Rad federt unabhängig, wodurch Kurvenfahrt in Schräglage möglich ist. Was man allerdings lieber den gut betuchten Eigentümern überlassen sollte. Wer es werden möchte, bestellt den Dodge Tomahawk im Weihnachtskatalog 2003 der amerikanischen Kaufhauskette Neiman Marcus. Für nicht weniger als 555.000 Dollar. Handgefertigt wird er beim renommierten Restaurator Butt Bennet in Detroit, der auch das Konzeptfahrzeug schuf. Übrigens, der Dodge Tomahawk könne in 2,5 Sekunden den Sprint auf 100 km/h schaffen, sagt Mark Walters. Die Höchstgeschwindigkeit liege bei über 400 km/h. Theoretisch!

Ein Jahr später lenkt Dodge die Aufmerksamkeit auf den zweisitzigen Kleinwagen Sling Shot und die Besucher der Detroit Motorshow 2004 erkennen: Die sportliche Potenz der Marke Dodge setzt sogar für ein in Nordamerika unterentwickeltes Marktsegment Impulse. Dazu bedient sich Dodge des Dreizylinder-Heckmotors der deutschen Konzern-Schwestermarke Smart. Ebenfalls von Smart stammt das Konzept des abnehmbaren Dachs, das sich einschließlich der Dachholme im Kofferraum verstauen lässt. Mit dem Sling Shot bereitet Dodge die Öffentlichkeit auf ein Konzept des kommenden Jahres vor: den Dodge Caliber von 2005.

M 80

Dass darüber nachgedacht wird, zukünftig sogar Automobilikonen vom Schlage eines Dodge Dakota im Kompaktformat zu bauen, zeigt 2002 das Konzeptfahrzeug Dodge M 80.

SCHARF WIE EINE RASIERKLINGE: DER RAZOR

Der kompakte Zweisitzer Dodge Razor von 2002 ist ein Sportwagen-Konzept auf einer für die USA ungewöhnlich kleinen Verkehrsfläche. 3,75 Meter messerscharfes Design.

TOMAHAWK

Der fahrbare V10-Motor mit 525 PS stammt aus der Dodge Viper SRT-10 und kann in 2,5 Sekunden aus dem Stand 100 km/h erreichen. Er kann für 555.000 Dollar bestellt werden.

AVENGER

Die Dodge Avenger Studie aus dem Jahr 2003 nimmt bereits stilistische Merkmale des künftigen Dodge Caliber Concepts vorweg. Signifikant: die kantige Optik.

her
oes

MAX SCHMELING
LEVI STRAUSS
TOM FORD
MISS LIBERTY
ANDY WARHOL

DODGE KOMMT NACH EUROPA. AUTOMOBILE AUS AMERIKA FÜR DAS MUTTERLAND DES AUTOS? DAS KLINGT WIE EULEN NACH ATHEN TRAGEN. DOCH ZU UNRECHT: ZEIGT DOCH DIE EVOLUTION DER MENSCHEN UND IHRER LIEBSTEN WERKZEUGE, DASS ES IMMER WIEDER NEUE GENE WAREN, DIE ENTWICKLUNGEN SINNVOLL VORANBRACHTEN. UND DASS ECHTE HELDEN SICH NICHT IN DER HEIMAT, SONDERN IMMER JENSEITS DES HORIZONTS BEWÄHRT HABEN: BEISPIELE GEFÄLLIG?

Kraft Ausdruck von Durchsetzungsvermögen, unbedingtem Drang nach vorne, starker Präsenz: Die Dodge-Front.

MAX

Der Sohn eines Brandenburger Steuermannes boxt sich 1930 in New York zum Weltmeister im Schwergewicht. Max Schmeling manifestiert seinen Ruhm 1936 mit einem Überraschungssieg: Er schlägt wiederum in New York Joe Louis durch Knockout. Max Schmeling heiratet die tschechische Filmdiva Anny Ondra, glänzt in Filmrollen. Es ist die Erfolgsgeschichte eines Underdogs. Doch er bleibt bescheiden, mit beiden Füßen auf dem Boden. Schmeling steht nicht nur für körperliche Kraft – er wehrt sich gegen den Druck der Nationalsozialisten, bleibt seinem jüdischen Manager treu. Es ist diese Standhaftigkeit, die ihn schon zu Lebzeiten zu einem internationalen Helden macht.

LEVI

In Deutschland geboren, in der Welt erfolgreich. Levi Strauss gilt als der Vater der Blue Jeans. Im US-Zeitalter des Goldrausches erkennt er schnell den Bedarf der Goldsucher und Minenarbeiter an haltbaren Hosen. Er lässt Hosen aus Zeltplanen anfertigen. Im Jahr 1873 werden die Nieten für die Hose als Nahtverstärkung patentiert. Erst in dieser Aufmachung mit Doppelnaht gilt das Kleidungsstück als Ur-Jeans. Levi Strauss gründet das Unternehmen »Levi Strauss & Company«. Die enorme Belastbarkeit seiner Innovationen macht es möglich, dass eine einfache Arbeiterhose einen weltweiten Siegeszug antritt – selbstverständlich auch in Levis alter Heimat.

Belastbarkeit Keine Jeans ohne Nieten und Doppelnaht. Kein Dodge ohne solide Felgenarbeit

Liebe zum Detail Es gibt sie wieder, die kleinen Dinge: Vom Türgriff bis zum Scheibenwischer überzeugt Dodge mit konsistentem Design.

TOM

Der Texaner Tom Ford wird durch seine Arbeit als Kreativdirektor für das Mode-Label Gucci international populär. Es ist kein Zufall, dass ein Amerikaner der europäischen Marke zu neuer Frische verhilft. Ohne den natürlichen Abstand wäre er nicht in der Lage gewesen, die revolutionären Neuerungen einzuführen, die den Namen Gucci zum führenden Design-Haus des jungen Jahrtausends machen. Sein Mut erlaubt es ihm, klassische Kollektionen mit Hüfthosen zu modernisieren. Seine Liebe zum Detail ermöglicht einen durchgängigen Stil, der heute auf der ganzen Welt kopiert wird.

MISS LIBERTY

Auf die Idee, in New York ein Symbol für die Freiheit zu errichten, kommen die Franzosen in der zweiten Hälfte des 19. Jahrhunderts. Sie soll ein Geschenk an die Vereinigten Staaten sein. In der amerikanischen Revolution sehen die Franzosen die Bestätigung ihrer eigenen: Die rechte Hand der Freiheitsstatue ist ausgestreckt und hält eine Fackel, die die Welt mit dem Gedanken und dem Wunsch nach der Freiheit erleuchten soll. Die zerbrochenen Ketten, auf denen sie steht, versinnbildlichen das Ende der Sklaverei. Ein Exportartikel aus dem alten Europa wird zum Symbol für die neue Welt. Sie steht für die Unantastbarkeit demokratischer Werte.

Werte Bei der Entwicklung eines Scheinwerferkonzeptes kann man in viele Fallen tappen. Dodge leuchtet heute wie die Zukunft.

Neugier Nur wer sich für die Veränderungen, für die technischen Möglichkeiten seiner Zeit und deren Konsequenzen interessiert, wird Visionäres schaffen.

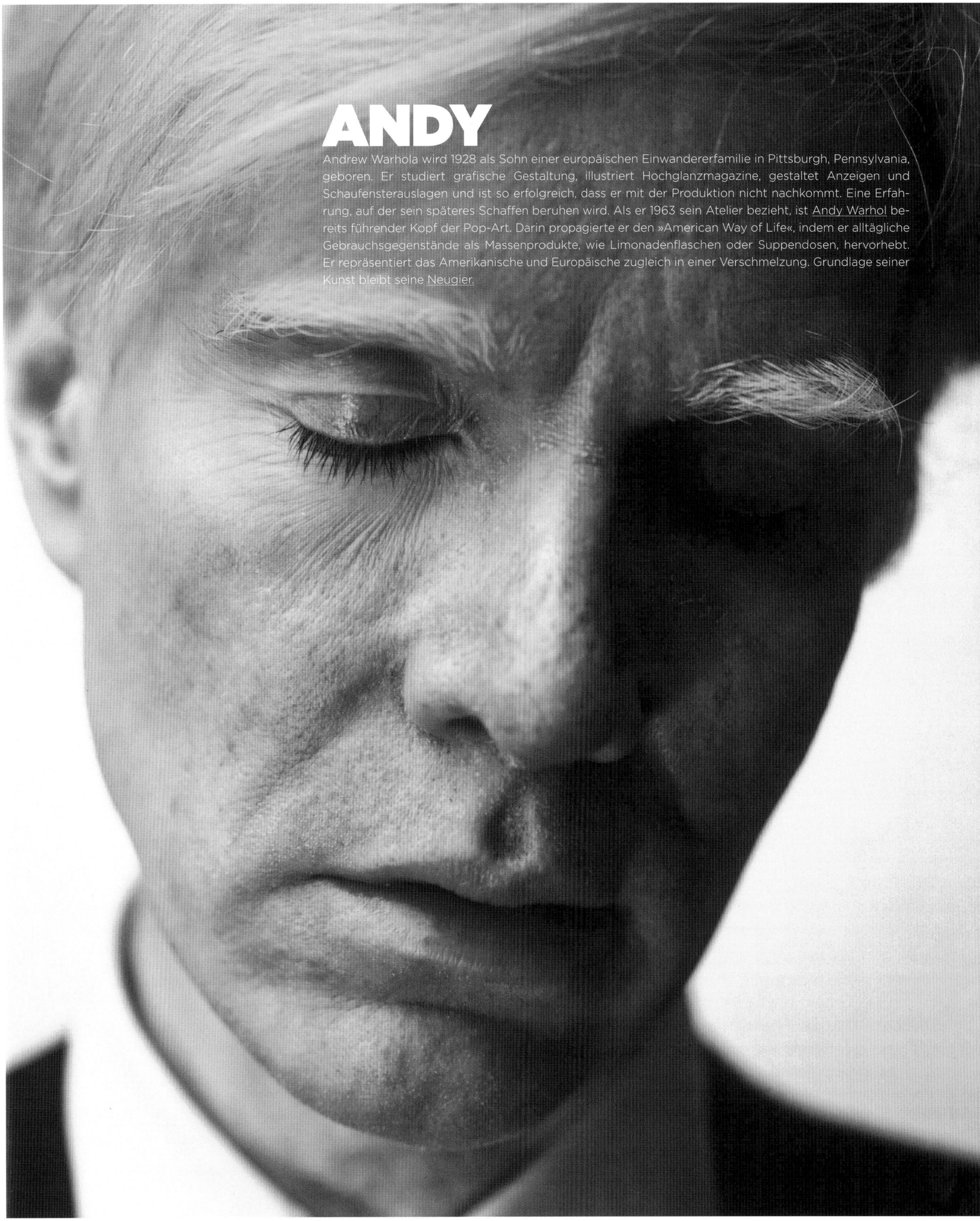

ANDY

Andrew Warhola wird 1928 als Sohn einer europäischen Einwandererfamilie in Pittsburgh, Pennsylvania, geboren. Er studiert grafische Gestaltung, illustriert Hochglanzmagazine, gestaltet Anzeigen und Schaufensterauslagen und ist so erfolgreich, dass er mit der Produktion nicht nachkommt. Eine Erfahrung, auf der sein späteres Schaffen beruhen wird. Als er 1963 sein Atelier bezieht, ist Andy Warhol bereits führender Kopf der Pop-Art. Darin propagierte er den »American Way of Life«, indem er alltägliche Gebrauchsgegenstände als Massenprodukte, wie Limonadenflaschen oder Suppendosen, hervorhebt. Er repräsentiert das Amerikanische und Europäische zugleich in einer Verschmelzung. Grundlage seiner Kunst bleibt seine Neugier.

Amerikas Weltkultur ist ein Spiegel, in dem wir alle Kontinente und Kulturen erkennen. Und wenn der musikalische Prophet Amerikas, Bob Dylan, die Freiheit verkündet, dann klingt diese Poesie prall und voller Energie.

„THE BEST IS ALWAYS YET TO COME, THAT'S WHAT THEY EXPLAIN TO ME. JUST DO YOUR THING, YOU'LL BE KING, IF DOGS RUN FREE."

”
IF DOGS RUN FREE, WHY NOT ME
ACROSS THE SWAMP OF TIME?
MY MIND WEAVES A SYMPHONY
AND TAPESTRY OF RHYME.
“

OH, WINDS WHICH RUSH MY TALE TO THEE SO IT MAY FLOW AND BE,
TO EACH HIS OWN, IT'S ALL UNKNOWN,
IF DOGS RUN FREE.

Auszüge aus dem Song »If dogs run free« von Bob Dylan.

„ALLES, WAS WIR UNS VORSTELLEN, KANN WIRKLICHKEIT WERDEN.“

JULES VERNE

Impressum

Besonderer Dank gilt Andreas Brozat, Ariel Gavilan und Stephane Labous, ohne deren engagierte Hilfe dieses Buch nicht hätte entstehen können.

Bibliografische Information Der Deutschen Bibliothek
Die Deutsche Bibliothek verzeichnet diese Publikation in der Deutschen Nationalbibliografie; detaillierte bibliografische Daten sind im Internet über »http://dnb.ddb.de« abrufbar.

1. Auflage
ISBN 3-7688-1691-5

Konzeption und Projektleitung: Edwin Baaske
Idee und Projektleitung DaimlerChrysler: Andreas Brozat
Fotografie: Andreas Lindlahr, Uli Sonntag, Markus Bolsinger, DaimlerChrysler Media Services
Text: Juergen Zoellter, Jeff Leestma, Oliver Stolle, Thomas Bärnthaler, Edwin Baaske, Alexander Tsigdinos
Beratung: Barry Dressel, Dr. Josef Ernst, Brandt Rosenbusch, Peter Rawlinson
Dank an: Dr. Dieter Zetsche, Joachim Eberhardt, Trevor Creed, Thomas Hausch, Lori McTavish, Eric Labourier
Herstellung: Olaf Klinger
Layout und Einbandgestaltung: Tom Ising (Herburg-Weiland)
Lithographie: scanlitho.teams FullService GmbH, Bielefeld
Druck: Kunst- und Werbedruck GmbH & Co KG, Bad Oeynhausen
Printed in Germany 2005

Delius Klasing Verlag
Siekerwall 21, D-33602 Bielefeld
Tel.: 0521/559-0, Fax: 0521/559-115
E-Mail: info@delius-klasing.de
www.delius-klasing.de